LE PETIT LIVRE DES CHAMPIGNONS

ちいさな手のひら事典

きのこ

LE PETIT LIVRE DES CHAMPIGNONS

ちいさな手のひら事典

きのこ

ミリアム・ブラン

目 次

きのこをめぐる冒険	7	ヒカゲウラベニタケ	52
		メガコルリビア・プラテイフィラ	54
ハラタケ	12	コルリビア・フーシペス	56
アガリクス・クサントデルムス	14	ササクレヒトヨタケ	58
コタマゴテングタケ	16	キララタケ	60
テングタケ	18	ムラサキフウセンタケ	62
タマゴテングタケ	20	イッポンシメジ	64
シロタマゴテングタケ	22	カンゾウタケ	66
ガンタケ	24	ナガエノスギタケ	68
ベニテングタケ	26	ノボリリュウ	70
ワタゲナラタケ	28	カノシタ	72
ウラベニイロガワリ	30	シシタケ	74
ススケイグチ	32	シモフリヌメリガサ	76
ハナイグチ	34	アカヤマタケ	78
ニセイロガワリ	36	ヒーグロキベー・コンラデイ	80
ヌメリイグチ	38		
ヤマドリタケ（ポルチーニ）	40	オオサクラシメジ	82
マッシュルーム	42	サクラシメジ	84
アンズタケ	44	ニガクリタケ	86
アカカゴタケ	46	キツネタケ	88
ハイイロシメジ	48	ムジナタケ	90
アオイヌシメジ	50	チチタケ	92

カラハツタケ	94
ラクターリウス・デーリキオースス	96
ツチカブリ	98
ケショウシロハツ	100
カイガラタケ	102
カラカサタケ	104
ワタカラカサタケ	106
シロカラカサタケ	108
シバフタケ	110
アミガサタケ(モリーユ茸)	112
トガリアミガサタケ	114
ユキワリ	116
ナメアシタケ	118
センボンアシナガタケ	120
セイヨウタマゴタケ	122
ヒダハタケ	124
ウラスジチャワンタケ	126
スッポンタケ	128
エリンギ	130
シロタモギタケ	132
マイタケ	134
カンバタケ	136

カワリハツ	138
ニシキタケ	140
ドクベニタケ	142
クサハツ	144
ルッスーラ・グリセア	146
ヤマブキハツ	148
ウスクレナイタケ	150
アイタケ	152
モエギタケ	154
サマツモドキ	156
キシメジ	158
ニオイキシメジ	160
クロラッパタケ	162
セイヨウショウロ(トリュフ)	164
ホコリタケ	166
シロフクロタケ	168
きのこ名称一覧	170
参考文献・引用文献	174

Clitocybe des Bruyères

きのこをめぐる冒険

　フランスでは19世紀末から20世紀初めにかけて、商品の広告を目的に様々なおまけが登場しました。クロモカードはその1つで、チョコレート産業において商品以上に業界を潤しました。子どもも大人も夢中になって集め、交換し、アルバムに貼ってコレクションしたものです。きのこを描いたクロモカードのシリーズも登場し、大変な人気を集めました。本書の各ページに掲載された図版は、クロモカードで、多数がエギュベル社（1868年トラピスト会修道院の僧によって創設）によって制作されたものです。

数万種

　今日、フランス菌学界に登録されている「高等菌類」と呼ばれるきのこは、3万種に及びます。そのうち食用は1105種、食べておいしいのは20種強、本当に美味と言えるものを数えるには、片手の指で足ります。さらに有毒種が261種、そのうち29種は猛毒です。毒物に関する知識はさらに蓄積されており、フランスでは、この20年間に重度の中毒症状が8件報告されています。こうした統計に加え、無害のきのこと危険な毒きのこを混同するリスクを考えれば、きのこは、鑑賞または科学的研究の対象にとどめておくほうが無難でしょう（実際、きのこは見て美しく、興味も尽きません）。しかし、現実は……。きのこに注がれる情熱は、他の何にも増して「理性ではわからない理由がある（パスカル『パンセ』）」と言えます。こうして愛好家たちは、

毎年飽くことなく、春の初めから秋の終わりに、籠とナイフ、情熱を携え、夜が明けるや森へ草原へと、きのこ狩りに繰り出すのです。それぞれお気に入りの狩り場があって、それを誰にも教えません。1kgのアミガサタケ（モリーユ茸）のためなら、人をあやめることが起きても不思議ではないのです。

植物でもなく動物でもなく

　長年、きのこは植物に分類されてきました。しかし、本当は植物ではありません。きのこには、根、茎、葉がなく、光合成もできません。きのこの細胞壁は、節足動物の殻と同じくキチンでできていますが、動物でもありません。独自の「菌（ラテン語でfungus）界」に属しています。光合成ができないので、きのこは、成長に必要な炭素源を、周辺の有機物から得なければなりません。中には、有機物（木材、枯葉、藁、動物の排泄物）を腐らせて、直接栄養を獲得するものがあり、これらは腐生菌と呼ばれています。マッシュルームがその例です。あるものでは（例えばナラタケ類）、他の生物、植物、時に動物に寄生します[1]。また、菌根を作って植物や木と共生する菌もあります。例えば、ヤマドリタケ（ポルチーニ）、トリュフ、ベニタケ類、フウセンタケ類などです。こうした情報は、種を同定するのに役立つため、きのこ狩りの時に重要です。

きのこの形態

　通常、私たちが「きのこ」と呼んでいるもの（柄と傘からなる「子実体」）は、きのこのごく一部にすぎません。子実体は、きのこが胞子を形成する実にあたる部分で、きのこは、胞子によって繁殖します。胞子が作られている子実体の表面を、「子実層」と呼んでいます。ひだ、管、突起など、様々な形をした子実層は、種の同定に大きな役割を果たしますが、それで十分とは言えません。きのこの本体の大半を構成しているのは、目に見えないところに隠れている「菌糸」です。菌糸は、木や土の中に伸びるごく細い糸状のもので、「菌糸体」として寄り集まり、栄養源を求めて基質[*2]内に広がっていきます。適度な水分や温度などの条件が満たされると、菌糸体は実をつけ、「きのこ」が顔を出すのです。

きのこの分類

　分類学の父は、カール・フォン・リンネ（1707–1778）だとされていますが、今日使われているきのこの分類の基礎は、リンネと同じスウェーデンの自然学者、エリーアス・マグヌス・フリース（1794–1878）が、1821年に出版した『Systema mycologicum（菌類の体系、1821年）』で構築したものです。日常生活で私たちが使用しているきのこの名称は、時代や地域によって変わります。特徴をよく表していたり、美しい呼び名で

あったりしても、それできのこを同定することはできません。異なる種が同じ名前だったり、1つの種が複数の名で呼ばれていたりするからです。科学界で使用されている学名（ラテン語表記）だけが、唯一混同を許しません。学名は1つの種に1つだけ。例外はなく、世界共通です。1つの属名（例えば*Boletus*[*3]）が割り当てられ、種の特徴を表現する種形容語（例えば*edulis*[*4]）が組み合わされ、1つの種の学名（*Boletus edulis*[*5]）ができています。*Boletus edulis*は、フランスでは、ボルドーのセップ茸、ポーランド人のきのこ、シャンパンの栓、カボチャなど、約20もの異なる名称で呼ばれていますが、*Boletus edulis*と学名を提示すれば、誰もが1つのきのこをイメージすることができます。

[*1] ナラタケ類は、多くの植物を犯すが、動物には寄生しない。
[*2] きのこが生えている土や木、枯葉などのこと。
[*3] 和名は、ヤマドリタケ属。
[*4] 食べられるという意味のラテン語。
[*5] 和名は、ヤマドリタケ。

--- 注　意 ---

本書に記載された情報は、一般に認められている知識に基づいています。本書は、菌学のガイドブックではありません。きのこの種を同定する方法は極めて複雑で、見た目の違いだけでは不確実です。きのこ狩りの際は、専門家や菌学者、薬剤師などにご相談ください。

きのこの分類

食用
食べられますが、味や匂い、歯ごたえなどの点で、必ずしもおいしいとは言えない場合があります。

食用（若いきのこに限定）
若い時であれば食べられますが、すぐに成熟して古くなり、毒性を生じることがあります。コルリビア・フーシペス*など。

食用（要加熱）
調理すれば食べられますが、生で食べると毒性を生じることがあります。アミガサタケ（モリーユ茸）など。

食用（一部の地域限定）
食べられる地域が限られます。1986年のチェルノブイリ原子力発電所の事故で、汚染された地域産のものは、食べられません。採取する前にご確認ください。

非食用
消化に悪く、いくらか毒もあります。

有毒
食べると重度の中毒症状を起こしますが、健康な成人であれば、基本的に死に至ることはありません。

猛毒
適切な手当てをしないと死に至ります。

* 日本未報告種。p56参照。

ハラタケ

Agaricus campestris
食用

マッシュルームの仲間。種類が豊富で、「田園のアガリクス」「草原のきのこ」「雪の玉」など、フランスでは、地方によって呼び名が異なります。堆肥に代わり、化学肥料が使われるようになってから、牧草地では見かけなくなりました。春に少し、秋にたくさん生えます。成長が早いので、大雨が降った後に、草原が埋め尽くされてしまうことも。森に生える猛毒のシロタマゴテングタケ*Amanita verna*と見た目が似ていますが、ハラタケは、森に生えていません。森のはずれでは、一緒に見かけることもありますが、ハラタケはつぼがなく、傘の裏のひだの色も見分けるポイントです。猛毒のテングタケが白いのに対して、ハラタケはピンク色。最初は淡かった色が次第に鮮やかになり、やがて成熟すると茶色に変わります。そして似たような場所に生えることから、アガリクス・クサントデルムス[*1]*Agaricus xanthodermus*とも混同するおそれがありますが、ハラタケはピンク色、アガリクス・クサントデルムスは黄色[*2]です。

※ハラタケは、日本では夏〜秋に、よく肥えた草地や芝生地などに発生する。

[*1] 日本未報告種（p14参照）。
[*2] 肉を切った時の色。

CHAMPIGNON DES PRÉS, DE ROSÉE
Prés _ Bois.

アガリクス・クサントデルムス[*]

Agaricus xanthodermus
有毒

　フランスでは、「黄色くなるハラタケ（アガリクス）」の名で呼ばれ、およそ100種を数えるハラタケ属の一種です。柄につばがありますが、つぼはなく、最初はピンク色だったひだが、次第にチョコレート色になるのが特徴です。触ると黄色に変色し、柄の根元が黄色の斑状になります。理由はよくわかっていませんが、中毒を起こす人と起こさない人がいて、一部の人は、血圧が上がったり、胃腸障害を起こしたりします。ただし、大人であれば、まず軽症ですみます。フランスでは、食用のシロオオハラタケやハラタケと同じく、草原や雑木林、森の周辺、疎林などに、5〜11月に生えますが、このきのこはフェノールのきつい匂いがするため、簡単に区別できます。

[*] 日本未報告種。

PRATELLE JAUNISSANTE
Prés _ Pâturages.

コタマゴテングタケ

Amanita citrina
食用（要加熱）

　「毒タマゴタケ」とも呼ばれ、500種あるとも600種あるとも言われるテングタケ属の1種で、ヨーロッパには、60〜70種が自生しています。テングタケ属は、生え始めの頃にきのこを覆っていた被膜の名残のつぼが特徴的で、初めの姿は卵そっくりです。成長すると被膜が破れ、下の部分が根元に残りますが、ほとんどわからない場合もあります。忘れてはならないのが、このテングタケ属には、猛毒きのこが3種あること。コタマゴテングタケは、調理すれば食べられますが、猛毒きのこと間違えるおそれがあるため、食べないほうが無難です。乳白色または淡い黄色の傘を持ち、生のジャガイモのような強い匂いがしますが、まさにそれが、猛毒のタマゴテングタケ、シロタマゴテングタケ、ドクツルタケに共通する点です。テングタケ属の種類が同定できない時は、絶対に食べてはいけません。少しでも疑いがあれば、食べないか専門家に相談しましょう。

※コタマゴテングタケは、日本では夏〜秋に、針葉樹林や広葉樹林の地面に発生する。

テングタケ

Amanita pantherina
有毒

　テングタケは、悪魔のようにエレガント。すらりと伸びた柄、プリーツの入ったスカーフのようなつばは、ワイルドな傘に散りばめられた純白のぶち。美しいけれど毒があり、食後30分から3時間ほどで、重度の神経系中毒症状を起こします。幻覚や幻聴を伴う陶酔状態に陥ったり、催淫効果もあります。また、興奮状態から次第に意気消沈し、うつへ移行すると、意識を失って昏睡状態に陥ることも。目覚めた時は、記憶がまったくないか、ほとんどありません。症状は、ベニテングタケと同じですが、テングタケによる中毒のほうが重症で、精神錯乱や痙攣を発症し、死に至ることもあります。白いイボは、きのこが古くなったり、雨が降ったりすると、すぐにとれます。イボがないと、同じ発生地に生える毒のないガンタケ*と見分けがつきません。

※テングタケは、日本では夏～秋に、針葉樹林や広葉樹林の地面に発生する。

* p24参照。

タマゴテングタケ

Amanita phalloides
猛毒

　ローマ皇帝クラウディウスは、きのこが大好物で、毒きのこを食べて亡くなりました。タマゴテングタケと同じくらい毒のある、美しい妻のアグリッピナが、54年、夫が食べるタマゴタケ[1]料理に、このきのこを混ぜたと言われています。世界で最も危険なきのこと言われ[2]、19世紀には、毎年、約100人が、このきのこを食べて死亡しました。今日、医学の進歩のおかげで、犠牲者は10〜15%に減りましたが、食べると肝臓や腎臓の細胞が破壊されます。きのこ中毒による死亡者は、ほぼ例外なく、このきのこが原因です。致死率が高いうえ、7〜10月に、広葉樹、針葉樹を問わず、食用きのこに混じって、ヨーロッパの森に、大量に生えます。他の猛毒種シロタマゴテングタケやドクツルタケと同様に、柄の上の方にあるつば、白いひだ、根元のつぼが特徴です。ただし、つぼは、ナメクジに食べられてなくなっていることが多いため、絶対に見間違えない方法は、根元から掘り起こしてみること。毒きのこであれば、地面の下につぼが残っています。

※タマゴテングタケは、日本では夏〜秋に、ブナやナラ類などの広葉樹林、時に針葉樹林の地面に発生する。

[1] セイヨウタマゴタケ*Amanita caesarea*のこと（p122参照）。
[2] 毒成分の本体であるα-アマニチンの人に対する致死量（LD_{50}）は、0.1mg/kg。体重60kgの人であれば6mgが致死量となる。

シロタマゴテングタケ

Amanita verna
猛毒

　有名なタマゴテングタケや、あまり知られていないドクツルタケと同じく、猛毒があります。いずれもよく似ていて、猛毒かどうかは、白いひだやつば、つぼでわかります。ナメクジは、猛毒きのこに含まれるα-アマニチンに耐性があり、食べてしまうため、つぼがなくなっていることも多々あります。このきのこやタマゴテングタケ、ドクツルタケを食べると、肝臓や腎臓の細胞が破壊されるファロイデス症候群を発症し、適切な手当てをしないと、12〜15日後に死に至ります。緑がかったタマゴテングタケと区別し、シロタマゴテングタケと呼ばれるこのきのこは、春先から見られるため、フランスでは「春のテングタケ」とも言い、秋まで生えています。フランス全土には少なく、土壌が石灰質の南フランスで、クリやナラの木の下に自生します。

※シロタマゴテングタケは、日本では夏〜秋に、針葉樹林や広葉樹林の
　地面に発生する。

ガンタケ

Amanita rubescens
食用（要加熱）

———————————

　フランスでは、「ワイン色のタマゴタケ」と呼ばれています。この赤褐色のきのこの食材としての価値は、意見が分かれていて、今日、菌学のガイドブックでは、食用かどうか判断が難しいとされています。食べない人は、ぼそぼそしていて、加熱すると尿のような嫌な匂いがすると言います。テングタケと似ていますが、ガンタケは、傷をつけると赤く変色するので、毒のある同属のきのこと区別できます。赤血球を溶かす溶血素を含んでいますが、75℃以上で破壊されるため、十分加熱すれば食べられます。ゆがいた後の湯は、捨てたほうがよいでしょう。フランスでは、夏と秋に、針葉樹や広葉樹の下でよく見られます。

※ガンタケは、日本では夏〜秋に、広葉樹林や針葉樹林の地面に発生する。

AMANITE ROUGEÂTRE

ベニテングタケ

Amanita muscaria
有毒

　フランスでは、「偽タマゴタケ」と呼ばれ、きのこの中で最も有名なきのこです。白い水玉模様の鮮やかな赤い傘が目印で、毒きのこの典型ですが、実際は少し異なります。数千年前から、幻覚・催淫作用があることで知られ、ラップ人やマヤ人、アメリカ大陸やカムチャッカ半島の原住民など、北半球の各地で、シャーマンの儀式に用いられてきました。乾燥させると、傘に含まれるムッシモールという精神活性作用のある毒成分が、凝縮され、強烈な幻覚を起こし、意識不明になって昏睡状態に陥ることもあります。食べた人は、目覚めた時に、何も覚えていません。実際に食べるのは危険です（特に心血管系の障害がある人）。この数十年間で、フランスでは、死亡例が1件報告されています。かつては、ハエを殺すのに使っていました。傘を刻んで、砂糖を入れた牛乳に一晩浸しておけば、ハエにとって、死を招く魅惑の飲み物ができあがります。

※ベニテングタケは、日本では夏〜秋に、針葉樹林や広葉樹林の地面に
　発生する。特にカバノキ属の樹下に多い。

CHAMPIGNON

Série LXXIX N°12

ワタゲナラタケ

Armillaria gallica
非食用

　正体のよくわからないきのこです。ナラタケ属は、きのことしては小ぶりでも、実は、世界で最も大きく、重く、古くから存在する選ばれた生命体の1つです。重さ600トン以上、広さ900ヘクタールにわたる、おそらく2500年前から生えていたと見られるオニナラタケが、アメリカ西部オレゴン州の森で発見されましたが、このきのこの親戚です。ナラタケ属は、非情の殺し屋で、弱った木から攻撃し、最終的には若木を含めて、森の木をことごとく枯らします。植林者にとっては、木の根腐れをもたらす天敵です。まず枯れ木に生え（よく木の切り株にかたまって生えています）、次に立ち木の根を攻撃します。地下に菌糸束*を網の目のようにめぐらして巨大化し、長い菌糸で遠くにある木まで枯らします。時折つける実が、きのこです。世界中で約40のナラタケ属菌があり、肉眼で見分けるのは困難です。

※ワタゲナラタケは、日本では秋に、広葉樹の朽ち木や切り株、その付近
　の地面に散生〜群生する。

* 菌糸が束状に集まってできており、ナラタケ属では、黒い針金状の菌糸
束（根状菌糸束）を作る。

Armillaire Bulbeuse

ウラベニイロガワリ

Boletus luridus
食用（要加熱）

　Boletusは、ラテン語で「きのこ」の意。転じて、ローマ人は、きのこと思しきもの（例えば「皇帝のテングタケ」こと、セイヨウタマゴタケ）をboletusと呼び、慣用でboletusと言えば、イグチ科のきのこ一般を指すようになりました。イグチ科のこのきのこは、ローマ皇帝とは無関係で、フランスでは「青白いイグチ」と呼ばれていますが、名が示すほど青いわけではありません。実際の傘の色は、黄土色に近い淡黄色から赤レンガ色まで、環境条件によって様々です。夏と秋に、ブナやナラなどの広葉樹林に生え、ちょっとでも触ると青く変色し、おいしそうには見えません。ただし、毒きのこだというのは誤解です。20分ほど十分加熱すれば、おいしいと言えなくもなく、ニンニクと一緒にフライパンで炒めれば悪くありません。食材として不人気なのは、イグチ科で唯一毒があり、重度の胃腸炎を発症するおそれのある「悪魔のイグチ」こと、ウラベニイグチ*Boletus satanas*との混同によるものでしょう。幸い、食べるとおいしいオオウラベニイロガワリ*Boletus erythropus**に似ています。

※ウラベニイロガワリは、日本にも発生するとの報告（夏〜秋、広葉樹林の地面）があるが再確認が必要。

* 新学名*Boletus luridiformis*。

BOLET BLAFARD

ススケイグチ

Boletus aereus
食用

　ヤマドリタケの分身で、ヤマドリタケ、ヤマドリタケモドキ（夏のセップ茸［ポルチーニ］）、ボーレートゥス・ピノフィルス*Boletus pinophilus*と並び、四大ポルチーニの1つです。中でも、このきのこが一番繊細な味がすると言う愛好家もいて、ジビエと一緒に食べると最高です。細かくひび割れの入った鹿毛色、または黒褐色の傘をしていて、フランスでは「ブロンズ色のセップ茸（ポルチーニ）」とか、「黒人の頭」とも呼ばれます。強い土の香りを放ち、肉はむっちりと歯ごたえがあります。温暖な気候と、日当たりのよいブナやナラなどの広葉樹林を好み、夏と秋に南フランスで見られます。単独で生えることはめったになく、ヤマドリタケモドキなどのポルチーニの仲間と一緒に見つかりますが、多くはありません。きのこ狩りの経験が浅いと、「マツのセップ茸（ポルチーニ）」の名にもかかわらず、広葉樹林に生えているボーレートゥス・ピノフィルスと混同しがちですが、このきのこもおいしいため問題はありません。

※ススケイグチは、日本にも発生するとの報告（夏〜秋、林内地面）があるが再確認が必要。

* 日本未報告種。

ハナイグチ

Suillus grevillei
食用

細い柄、白っぽいつば、締まりのない黄色い肉、湿気が多いとべとべとになる傘……。なぜフランスでは、「エレガントなイグチ」と呼ばれるのか、質問したくなります。かつては、広義のイグチ属*Boletus*に分類されていましたが、今日では、ヌメリイグチ属*Suillus*（ラテン語で「豚」の意）です。飼い葉桶に入れ、せいぜい豚に食べさせるぐらいのものなので、適切な選択と言えるでしょう。人間もかろうじて食べることができるものの、条件があります。べとつくのを避けるため、乾燥した時期に、まだ若いきのこに限って収穫すること、傘の表皮を取り除くこと、他のおいしいきのこに混ぜて食べることです。ヌメリイグチ属のきのこは、針葉樹林に生えますが、このきのこは、ヨーロッパカラマツの下。フランスでは「カラマツのセップ茸（ポルチーニ）」と呼ばれるのも納得です。ただし、ポルチーニ（ヤマドリタケ）に値する味かどうかは、また別の話です。

※ハナイグチは、日本では秋に、カラマツ林内の地面に発生する。

BOLET JAUNE CLAIR

ニセイロガワリ

Xerocomus badius
食用（一部の地域限定）

　気分屋のきのこで、通常、柄はすらりと伸びていますが、場所と個体によって、ヤマドリタケ（ポルチーニ）のように、ふっくらと太った柄の場合もあります。傘の色は濃い鹿毛色で、湿気が多いと肉が水っぽくなります。針葉樹林でも広葉樹林でも、秋にたくさん生え、クリの木を好むため、「クリの木のセップ茸（ポルチーニ）」とも呼ばれます。黄色い肉は、触ると青く変色しますが、オムレツに入れると、たいていの人がおいしいと言います。しかし残念なことに、重金属を蓄積する性質があり、フランス東部とコルシカ島で採れたきのこは、1986年4月に起きたチェルノブイリ原子力発電所の事故後、風で運ばれてきた放射性セシウムを含んでいるため、現在は、食することができません。

※ニセイロガワリは、日本にも発生するとの報告（夏〜秋、針葉樹林の地面）があるが再確認が必要。

Série XIX   N° 9

ヌメリイグチ

Suillus luteus
食用

　紫がかった光沢のある白いつばを、柄の上の方でスカーフか
ヴェールのようにまとっています。他のイグチ類では見られない
特徴で、フランスでは「ヴェールを被った修道女」とも呼ばれま
す。つばは、まだ若い時に、傘の下面を覆っていた被膜の名残
です。フランスでは、夏の初めから秋の終わりに、マツの木の
下に群生しています。傘は水っぽく、肉は歯ごたえに欠けるた
め、初めはおいしそうに見えませんが、若いきのこを選び、傘の
表皮を取り除き、消化しやすくすれば、悪い味ではありません。
コルシカ島では、ジャガイモやニンニク、タマネギ、刻んだパセ
リと一緒に、スープを作ります。

※ヌメリイグチは、日本では夏～秋に、マツ林の地面に単生～群生する。

BOLET JAUNE
Bois_Eté_Automne.

ヤマドリタケ（ポルチーニ）

Boletus edulis
食用

　「皇帝のテングタケ」ことセイヨウタマゴタケが王様なら、ヤマドリタケは聖なる王。美味なだけでなく、堂々とした大きさも（傘の直径30cm、重さ2kgに及ぶことも）その理由です。風通しがよく、日当たりのよい、広葉樹林や針葉樹林で、夏と秋に生えます。フランスのアキテーヌ地方でよく見られることから、「ボルドーのセップ茸（ポルチーニ）」の名称が生まれました。柄の太い「セップ」は、ガスコーニュ地方の方言で、「木の幹」の意。ボルドーの卸売り業者が、パリで初めて売り出したと言われ、19世紀にカフェ・アングレの有名なシェフ、アルシド・ボントンが普及させました。18世紀末に故国を追われた食通のポーランド王、スタニスワフ・レシチニスキが、ナンシーに開いた宮廷で料理させたこともあって、「ポーランド人のきのこ」とも呼ばれます。ボルドーでは、ニンニクで味をつけ、丸ごと鴨の油で揚げたり、網焼きにします。珍しいきのこではありませんが、きのこ狩りでは、熾烈な競争が繰り広げられます。ただし、よい方法があります。生えたばかりのベニテングダケを見つけるのです。ベニテングタケは、このきのこと同じ環境に生え、数日早く地面に顔を出します。

※ヤマドリタケは、日本では（夏～）秋に、針葉樹林（モミ類、トウヒ類）の地面に発生するが、比較的まれ。

40

BOLETUS EDULIS
BOLET COMESTIBLE

CHAMPIGNON

Série LXXVIII   N° 10

マッシュルーム

Agaricus bisporus
食用

　フランスでは、「パリのきのこ」の名で知られますが、「北京の
きのこ」と呼ぶほうがふさわしいかもしれません。今日、生産世
界第1位は、米国とオランダを抜いて中国だからです。とはい
え17世紀には、ルイ14世に供するため、ジャン・ドゥ・ラ・カン
ティニによって、ヴェルサイユ王立菜園で栽培されていました。
しかし、本当の歴史は、2世紀後、パリの砕石場に打ち捨てら
れていた馬の厩肥に生えている白いきのこが、偶然発見された
ことから始まります。腐敗が進行している有機物の床、12℃前
後の一定した温度、適度な湿気といった栽培に最適な条件が
揃っていたのです。しかも、太陽の光がなくても成長します。実
は都会育ちなのですが、さすがに舗装された道路には生えませ
ん。ただし、「歩道のアガリクス」と呼ばれる親戚のきのこ、ア
ガリクス・ビトルクイス*Agaricus bitorquis*は、アスファルト
をも突き破るのだそうです。

※マッシュルームは、日本では栽培種。海外から種菌が導入され、1920年
　代（大正後期）から本格的な栽培が始まった。北海道で採集された記
　録があるが、栽培品が野外に逸出したものの可能性があり、日本に自生
　するという確かな報告はまだない。標準和名はツクリタケ。

＊ 日本未報告種。

CHAMPIGNON DE COUCHE
Prés _ Jardins _ Champs.

アンズタケ

Cantharellus cibarius
食用

　森の下草の間に発見される黄金のきのこ。フランスでは、6月から秋の終わりまで、デリケートな金色の傘で針葉樹林や広葉樹林をほのかに照らし出します。腐植土や苔の生えた湿った場所が大好きで、朽ちた葉の陰に身を潜めていますが、黄金の輝きとアンズの香りで、きのこ狩りの人にすぐに見つかってしまいます。群生し、真夏の嵐の後などに大量に生えてきます。「シャントレル」「ジロール」「聖体器」「淡黄色のきのこ」「子ヤギ」など、地方によって様々な名前で呼ばれ、森の中でも食材としても人気がありますが、近年、めっきり少なくなりました。理由の1つは、販売を目的とする乱獲。調理法はたくさんあります。オリーブオイルやバターでソテーしてもよし、ベシャメルソースであえてパイに詰めてもよし、タルトにしても、リゾットやスープに入れても……。ポレンタやイチジクと一緒に、厚切りの牛ヒレステーキに添えれば、立派なつけ合せになります。

※アンズタケは、日本では夏〜秋に、広葉樹林や時に針葉樹林の地面に
　しばしば群生する。

アカカゴタケ

Clathrus ruber
食用

　直径10cm、高さ15cmの小さい鮮やかな赤の籠が特徴です。学名の*Clathrus ruber*も、ラテン語で「赤い籠」を意味します。いかにも胡散くさそうな、こんな傘は他に類を見ません。「魔女の心臓」「悪魔の提灯」とも呼ばれます。よく言われるように、中世には呪術に用いられていたのかもしれません。それとも、このうわさは、きのこが発する、鼻をつまみたくなるような死体の臭いに由来するのでしょうか。いずれにしても、食欲がそそられるわけではありませんが食用です。ハエの好物でありますが……、実はこれが重要なのです。籠のような傘の内側を覆う、黒ずんだ物質がハエのごちそうで、ハエをおびき寄せます。粘液には、きのこの胞子が含まれていて、籠に群がったハエは、この胞子を足につけたり、体外に排泄したりして、胞子を散布する役割を担っているのです。温暖な場所を好み、広葉樹の陰の湿った場所によく生えています。おもに地中海沿岸に分布していましたが、近年では、フランス西部のロワール川以北でも見られるようになりました。

※アカカゴタケは、日本では夏に、林道脇や腐植に富んだ地面に発生するがまれ。

CLATHRE GRILLAGÉ

ハイイロシメジ

Clitocybe nebularis
非食用

　フランスでは、「プティグリ」の愛称で呼ばれる、この小さな灰色のきのこは、食用ではありません。長年、食通たちは、食材としての価値について、論争を続けてきました。味がなくてまずいと言う人もいれば、おいしいと言う人も。次いで、菌学者が毒性について主張を闘わせます。このきのこが原因の重症の消化管系中毒の例が、報告されているそうで、食べないほうがよいと言う専門家がいる一方、若いきのこを選んで食せば害はないと言う学者も。両者の間に入って、よく加熱した少量のきのこを（ゆでこぼしの湯はもちろん捨てます）、間隔をあけて食すテストを行ってはどうかと提案する人もいます。毒のあるイッポンシメジ*Entoloma sinuatum*に似ていて、ちょっと鶏小屋の匂いもします……。それでもなお食べたいと言い張るなら、夏から秋の終わりに、針葉樹林や広葉樹林に行って探しましょう。一列に並んだり輪になったりして、群生しています。

※ハイイロシメジは、日本では秋、特に晩秋に、いろいろな林の落葉の多
　い地面に散生〜群生する。

アオイヌシメジ

Clitocybe odora
食用

緑や青みがかったアニスの香りのするきのこと言えば？それは「緑のカヤタケ」または「香りのよいカヤタケ」と呼ばれるこのきのこです。そんな色と香りは、カヤタケ属でこのきのこだけなので、すぐに見分けがつきます。アニスの好きな人なら、間違いなく好きでしょう。肉や菌糸までアニスの香りでいっぱいです。「緑のキス」とも呼ばれ、乾燥後、調味料として用いられてきましたが、オリジナリティあふれる料理が、風味をさらに引き立てます。オリーブオイルをかけた温かいウイキョウのサラダと一緒に召し上がってはいかがでしょう？　また、卵の黄身、砂糖、生クリーム、牛乳、このきのこ50gで、びっくりするほどおいしいデザートができます。フランスでは、夏の初めから秋の終わりに、ナラなどの広葉樹林、特にブナ林に生えますが、針葉樹林で発見されることもあります。色が似ている枯葉の間にまぎれて、なかなか見つけられません。

※アオイヌシメジは、日本では秋に、広葉樹林内の落葉の間に単生または
　少数が群生する。

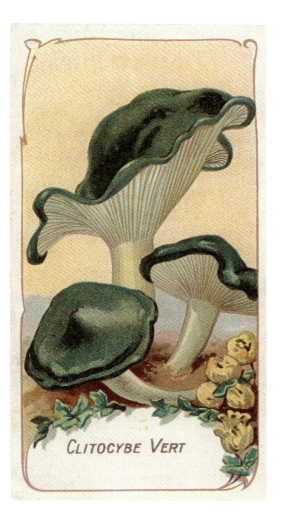

ヒカゲウラベニタケ

Clitopilus prunulus
食用

　フランス語で「小さなプラム」という美しい別名は誤りです。「白粉で覆われた」を意味するラテン語のprunulusが、フランス語の「プラム（prune）」と混同されたのです。確かに湿気が多いと、粉を振ったみたいに傘が白くなり、その色と挽きたての粉の匂いから、「粉屋」と呼ばれるのも不思議ではありません。あまり知られていませんが、なかなか美味で希少価値があります。ただし、強い毒のあるクリートキベー・ガルリイナケア＊*Clitocybe gallinacea*、ミヤマオシロイシメジ*Clitocybe phyllophila*、イッポンシメジ*Entoloma sinuatum*に似ているため、危険でもあります。ピンク色のひだともろい肉質が特徴ですが、際立った違いではありません。そのため、きのこ狩りには熟練が必要です。フランスでは、7〜11月に、森のはずれや小道の脇、ヒースの木の間の苔の生えたところで見つかります。森の王様で偉大なる「ボルドーのセップ茸（ポルチーニ）」ことヤマドリタケと同じで、「セップ茸のお母さん」「セップ茸の番人」とも呼ばれるのはそのためです。まだためらっている人も、きっときのこ狩りに行きたくなることでしょう。

※ヒカゲウラベニタケは、日本では夏〜秋に、広葉樹林内の落葉の間に発生する。

＊日本未報告種。

Clitopile Orcellé

メガコルリビア・プラテイフィラ[*1]

Megacollybia platyphylla
食用

　モリノカレバタケ属（広義）の学名*Collybia*は、ギリシャ語で「小さなお菓子」、または「小銭」を意味し、同属には実際小さなきのこばかりです。ただし、このきのこは例外で、傘は直径12cmに達します。これが*Megacollybia*こと「大きなモリノカレバタケ」の名前の由来で、モリノカレバタケ属にこれほど大きいものは、このきのこ以外ありません。フランスでは、6〜10月にかけて、特に夏に大量に生えます。「大きなひだのモリノカレバタケ」とも呼ばれ、灰茶色からこげ茶色の傘には、溝が刻まれ、縁に切れ込みが入っていることも。大きなモリノカレバタケは、土から生えているように見えますが、実際は、腐敗した木と白い菌糸束でつながっていて、菌糸体は、地下1mの深さまでもぐって、養分を摂る根株にまで伸びています。このきのこをそっと採ろうとしても、根っこ[*2]はしっかり残っていて、これが大きなモリノカレバタケを見分ける一番よい方法です。毒はありませんが、肉が堅く、少しもおいしくありません。

[*1] ヨーロッパに分布し、日本では未報告種。かつて広義のモリノカレバタケ属 *Collybia*に置かれていたことがある。従来日本で本種と同種と考えられ、ヒロヒダタケの名前で知られてきたきのこは、最近の研究で別種であることが分かり、新しい名前 *Megacollybia clitocyboidea* が与えられている。

[*2] 柄の基部につながっている菌糸束のこと。

Collybie à Chapeau Rayé

コルリビア・フーシペス [*1]

Collybia fusipes [*2]
食用（若いきのこに限定）

　美食の世界では意見が真っ二つに分かれています。このモリノカレバタケ属のきのこについて、「まあ悪くない」「おいしい」と評する人がいる一方で、わざわざしゃがみこんで採るまでのことはないと一蹴する人も。いずれにしても、食べるのは、黄土色の地にさび色の混じった傘のみで、繊維だらけの柄は除きます。流線型で溝があり、プロペラみたいにねじれていて、上の方ほど色が淡くなる赤茶の柄が目印です。フランスでは、「ロケットの形をしたモリノカレバタケ」と呼ばれ、ナラやブナ、クリなどの広葉樹の腐った株が大好きで、深く根を下ろします。フランスでは、6〜11月に、束状に密生しますが、慣れないうちは、若いきのこに限って採取すること。古いきのこは、重度の胃障害を起こし、復元力があるので注意が必要です。熱で乾燥させた後でも元に戻り、雨が降れば、たちまち膨らんで、若いきのこのように見えますが、それは表面的にすぎません。数か月間、切り株の上に陣取っています。赤いシミがあって、微生物がうようよしている古いきのこは要注意です。

[*1] 日本未報告種。
[*2] 新学名*Rhodocollybia fusipes*。

COLLYBIE A PIED EN FUSEAU

ササクレヒトヨタケ

Coprinus comatus
食用

　ニンニクやパセリ、バターと一緒にエスカルゴに詰めて、召し上がってください。生でそのままサラダにして食べるのも、ドレッシングであえるのもよいでしょう。おいしいからといって、希少なわけではありません。フランスでは、早春から秋の終わりに、草原や崖の斜面でたくさん採れます。街中の市電のレールの間でも見かけますが、明らかに汚染されているので、採らないほうが無難でしょう。白いササクレに覆われた円筒形の大きな傘で、高さは12cmにも及び、時には柄をすっぽり隠してしまうことがあるため、すぐにわかります。時が経つにつれて、柄が伸びて釣鐘型の傘になり、ひだがピンク色に染まりますが、数時間で退色して黒ずみ、次第に融けていきます。そのため、若い採取直後のきのこしか食べられません。成長の進んだきのこも食べられますが、味は落ちます。

※ササクレヒトヨタケは、日本では春〜秋に、肥えた畑地や草原、道端などに発生する。

キララタケ

Coprinus micaceus＊
非食用

　茶色い釣鐘型をしたこの小さなきのこは、誰もが見たことがあるでしょう。フランスでは、森や庭の古木の切り株や地面に落ちた枝に、しばしばかたまって生え、春から秋がシーズンです。傘の表面が、ラメみたいに、黄色く輝く雲母で覆われているように見えることから、名づけられました。他のヒトヨタケ属と同様に、成長が早く、すぐに衰えます。ひだが黒ずみ、きのこ全体が、黒いインク状になって地面に広がると、あとは雨が降って胞子を拡散させてくれるのを待つばかり。ヒトヨタケほどではありませんが、このきのこを食する前後72時間にお酒を飲むと、アレルギーを発症すると言う菌学者もいます。アルコールに対する耐性が弱くなって、赤くなったり、吐き気がしたり、ひどく汗をかいたり、心臓の機能障害を起こすこともあります。ヒトヨタケの場合、数か月後に発症することもあるようなので、食べないほうが賢明でしょう。

※キララタケは、日本では夏〜秋に、いろいろな広葉樹の枯れ木、切り株
　の根元やその周辺に束生〜群生する。

＊ 新学名*Coprinellus micaceus*。

ムラサキフウセンタケ

Cortinarius violaceus
食用

　フウセンタケ属のきのこの中でも、ひときわ異彩を放っていて、すぐにわかります。棍棒（こんぼう）のような柄、触るとビロードのような手触りの傘、ひだ、肉に至るまで、何もかも紫色だからです。ヒマラヤスギのアロマオイルやロシアンカーフのように、よい香りがするという菌学者もいますが、食材としての価値は、ほとんどありません。フランスでは、親戚のコルティナリウス・ハルキニクス*Cortinarius harcynicus*が、針葉樹であるトウヒの下にしか生えないのに対して、夏と秋に広葉樹の下に自生します。フウセンタケ属は、圧倒的な種類のきのこを含む大家族で、2000〜2500種あるとも言われ、すべてが知られているわけではありません。有毒のきのこも多く、ドクフウセンタケ*Cortinarius orellanus*、トガリドクフウセンタケ*Cortinarius rubellus*の２種は猛毒です。いずれもさび色をしていて、毒のないこのきのことは明らかに異なります。

※ムラサキフウセンタケは、日本では秋に、広葉樹林の地面に発生する。

＊日本未報告種。

62

CORTINAIRE VIOLET

イッポンシメジ

Entoloma sinuatum
有毒

　肉厚で、いかにもよい子のきのこといった風采をしていますが、有毒です。フランスでは、タマゴテングタケに続いて2番目に中毒患者が多く、「裏切り者」とか「きのこ好きの下剤」とも呼ばれています。実際、治りにくい重症の胃腸炎や肝臓障害を起こし、子どもや健康に問題がある人の場合、死に至ることもあります。温暖で風通しのよい広葉樹林に夏と秋に群生します。見た目がよい感じなので、繊細な味でマニアに人気のあるきのこと間違いやすく、注意が必要です。例えば、「聖ゲオルギウスのきのこ」ことユキワリ。こちらは春のきのこで、森に生えないことで区別できます。挽きたての小麦の強い匂いがするため、「偽の粉屋」とも呼ばれますが、古くなったきのこの匂いをかぐと、吐き気をもよおすことがあるため、注意が必要です。

※イッポンシメジは、日本にも発生するとの報告（秋、広葉樹林の地面）が
　あるが再確認が必要。

ENTOLOME LIVIDE

カンゾウタケ

Fistulina hepatica
食用

　肥えた肝臓そっくりの外観を見れば、名前の由来が想像できます。肉を切った時に出る血のような赤い汁は、言うまでもありません。その形から、フランスでは「牛の舌」、イギリスでは「ビーフステーキのきのこ」の異名があります。実際、料理する時は、ステーキのようにスライスし、フライパンで焼き、刻みパセリを添えます。新鮮なミントの葉、オリーブオイル、バルサミコ酢であえれば、おいしいサラダにも。生で食せるきのこは少ないため貴重です。赤レンガ色をした傘は、直径20〜30cm、それ以上に達することもあり、大家族でもおなかがいっぱいになります。きのこが古くなると、塩気のある味が酸味を帯び、タンニンが強くなります。ナラやクリの木に寄生し、根元に密集して生えています。7〜9月に、北半球の温暖な地域に広く分布し、特に北米やイギリスで人気があります。

※カンゾウタケは、日本では夏〜秋に、ブナ科樹木、特にシイの根際に発生する。

FISTULINE HÉPATIQUE

ナガエノスギタケ

Hebeloma radicosum
非食用

　たいていモグラが掘ったトンネルの真上に生えています。ちょっと土を掘り返してみれば、地下に棲んでいるのは、モグラだけではないことがわかるでしょう。ハタネズミやアカネズミ、ハツカネズミ、トガリネズミといった穴を掘る小型の哺乳類がいます。これらの小動物が地下のトイレに残した排泄物から直接養分を得ており、そのため、根のような形をした柄が、地下深くまで伸びています。かつてフランスでは、「根のあるスギタケ」とも呼ばれていました。柄の上の方にある環状のつばが目印で、特徴的な根状の柄の他に、苦味のあるアーモンドのような独特の香りを放ちます。夏から秋に、小さな塊を作って、特に広葉樹林に生えます。ワカフサタケ属に分類される約20種の他のきのこ同様、毒はないものの、消化に悪いので食用ではありません。

※ナガエノスギタケは、日本では秋に、広葉樹林や針葉樹林の地面に単生
　〜束生する。柄の根元は細長く伸びてモグラの坑道とつながっている。

PHOLIOTE À RACINE

ノボリリュウ

Helvella crispa
有毒

ノボリリュウタケ属のきのこは、「秋のモリーユ茸（アミガサタケ）」と呼ばれますが、見た目から言っても味から言っても、春に生える有名なモリーユ茸にたとえるのは大雑把すぎます。堅くてぼそぼそとした味は、モリーユ茸の繊細な味とは比べものになりません。いいえ、「比べものになりませんでした」と過去形で書くべきでしょう。なぜなら、最近、ノボリリュウタケ属は、すべて食用に適さないことが判明したからです。神経系や肝臓に害を及ぼすギロミトリンを含んでいるためで、長期的に見ると、ギロミトリンには、発がん性があると言われます。毒の効果は、採取した場所やきのこの個体、食べた人によって異なり、誰もが中毒症状を起こすわけではありません。クロノボリリュウ *Helvella lacunosa* とは、同じ環境（草の間、広葉樹林のはずれ、崖の斜面など）に発生し、フランスでは、夏の終わりから秋が深まるまでよく見かけます。学名の *crispa* が示すとおり、傘は二股から三股に分かれ、白く繊細なフリル状に折り重なっています。灰色から黒色をしており、聖職者の被り物のように見え、「司教冠」「ユダの耳」とも呼ばれます。

※ノボリリュウは、日本では初夏〜秋に、林内地面に単生〜群生する。

HELVELLE CRÉPUE — Bois ombreux — Bords des routes.

カノシタ

Hydnum repandum
食用（一部の地域限定）

フランスでは、「羊の足」「ヤギ（牛）のひげ」「子ヤギ」「小牛（ヤギ、ネコ）の舌」などの様々な愛称があり、田舎では人気者のきのこです。ふんだんに採れておいしく、なめしたような傘の裏をびっしりと覆う針状の突起が特徴です。肉は白くてもろく、フルーティな香りを放ちます。カノシタは群生するため、草の間に1つ見つけると、必ず周りで、仲間が列になったり輪になったりしています。フランスでは、夏から最初の霜が降りるまでの間、広葉樹林や針葉樹林でよく見かけ、特にブナやクリの木がお気に入りです。仲間のイタチハリタケは、味の点でやや劣るものの、オレンジ色の珍しいきのこです。カノシタ属は、古くなると肉の苦さが際立つため、若いきのこを選んで食べます。酢に漬け込んでおくと、ピクルス同様、薬味に最適です。残念ながら、1986年に起こったチェルノブイリ原子力発電所の事故後、風で運ばれてきたセシウムを蓄積しているため、フランス東部やコルシカ島産は食べないほうがよいでしょう。

※カノシタは、日本では秋に、広葉樹林内の地面に発生する。

シシタケ

Sarcodon imbricatum
食用

　カノシタの人気には及びませんが、フランスでは「ヤギのひげ」や「ヤマシギの翼」などの愛称で親しまれています。直径25cmに達する大きな灰茶色の傘は、色の濃いうろこ状にささくれ立っていて、本当にヤマシギの羽根のようです。かつては食用でしたが、肉が苦いため、今日では食べなくなりました。しかし、今もファンは根強く残っていて、酢に漬けたり、粉末状にしたものを、タイムで味つけした子羊の肩肉に添えたりします。ハリタケ類の共通の特徴は、傘の裏を針状の突起が覆っていることです。このきのこのこの突起は、約1.5cmと小さめですが、ヤマブシタケ*Hericium erinaceus*は、ブロンドの髪のようになった突起が、時には7cm以上垂れ下がっています。

※シシタケは、日本では秋に、マツやモミなどを交える広葉樹林内の地面に群生するがまれ。

シモフリヌメリガサ

Hygrophorus hypothejus
非食用

　ヌメリガサ科の仲間は、シモフリヌメリガサをはじめとするヌ
メリガサ属*Hygrophorus*とアカヤマタケ属*Hygrocybe*に分か
れます。しかし、どちらもラテン語の意味はほとんど同じで、前
者が「湿り気を帯びたきのこ」、後者が「湿った頭」。要は傘が
粘着質だということで、違いは微々たるものです。見分けるの
はとても簡単で、ひだも柄も黄色いヌメリガサ属菌の中で、唯
一、傘が黄色ではなく、茶色をしています。フランスでは通常、
秋の終わり頃、マツの木の下に生えます。ヌメリガサ類の食材
としての評判は高くなく、このきのこも例外ではありません。

※シモフリヌメリガサは、日本では晩秋〜冬に、アカマツやツガなどの針
　葉樹林内の地面に発生する。

HYGROPHORE A FEUILLETS JAUNES

アカヤマタケ

Hygrocybe conica
有毒

　先のとがった傘のせいで、いたずら好きの子鬼が、意地悪な魔法使いに、きのこに変えられてしまったのではないかと想像させられます。少なくとも、ウェールズ地方には、そんな言い伝えが残っていて、「魔女の帽子」という英名も伝説の信憑性を裏づけています。鮮やかなオレンジ色または緋色をした円錐形の傘は、夏の初めから秋の終わりに、ヨーロッパや北米の草原や芝生を華やかに彩ります。高さが8〜10cmと小さいので、草が高く生い茂っていると、目の覚めるようなお仕着せをまとっているにもかかわらず、このきのこの姿は隠れてしまいます。古くなると、若い時分の得意げな様子は見る影もなく失われ、傘はつぶれ、肉は黒ずみ、別名である「黒ずんだヌメリガサ」の名にふさわしい惨憺たる姿に。かつてフランスでは、食用でしたが、今日、菌学者は、毒性が疑われる種に分類しています。

※アカヤマタケは、日本では夏〜秋に、草地や道端、森林、竹林などの地面に単生、少数が群生する。

HYGROPHORE CONIQUE

ヒーグロキベー・コンラデイ*

Hygrocybe konradii
食用

　フランスでは、「黄金色のヌメリガサ」「金色に塗ったヌメリガサ」と呼ばれ、手つかずで自然のまま残された荒地や草原にしか発生しません。そのため、夏にお目にかかることはごくまれです。化学肥料による土壌汚染で、絶滅が危惧されてもいます。鮮やかな黄色、またはオレンジがかかった黄色の小さい円錐形の傘が、草の間に発見されるのは、生物多様性の観点からとても重要です。傘は5cmにもなりませんが、長い柄に載っているので、きのこ自体の高さは2倍になります。柄の色は、傘と同じ鮮やかな黄色ですが、根元だけは灰色です。

* 日本未報告種。

HYGROPHORE JAUNE D'OR

オオサクラシメジ

Hygrophorus erubescens
食用

ヌメリガサ類には、山に生えるきのこが多くない中、高地を好むきのこです。かつてフランスで、食べればおいしいとされていたのは、この特殊性ゆえでしょうか？　しかし、若い時でさえ、肉が苦いのですから、それは言いすぎというものです。生え始めの頃は白く、だんだんと赤みを帯びたピンク色のぶちに覆われ、ワイン色に染まります。古くなったり、人が触ったりすると、少し黄色っぽくなります。針葉樹林[1]に、単生または群生していますが、たまに平地の広葉樹の下でも発見されます。外見がよく似ているため、平地に生えるものは、やはり食用のサクラシメジと混同されがちです。ただ、このきのこの傘が、直径12cmほどであるのに対して、サクラシメジは20cmと少し大きめです[2]。

※オオサクラシメジは、日本では秋に、針葉樹林の地面に発生する。

[1] おもにトウヒ林。
[2] 一般には、ほぼ同じぐらいの大きさで、傘の大きさによる区別は困難。

HYGROPHORE ROUGISSANT

サクラシメジ

Hygrophorus russula
食用

きのこの分類が変更される以前、このヌメリガサの1種は、キシメジ属に分類されていました。でっぷり太った柄や、漏斗の形をした傘は、ベニタケ類によく似ています。フランスで、「ベニタケのヌメリガサ」と呼ばれるのはそのためですが、別の説明を試みる人もいます。学名のrussulaは、ラテン語で「赤茶」を意味し*、きのこの色から「赤茶色のヌメリガサ」と呼ばれるようになったと言うのです。その可能性はありますが、赤茶色というよりは、むしろ赤色に近く、成熟すると、柄も傘もひだもワイン色に染まります。フランスは、ワインの国だけあって、「大酒飲み」の呼び名まであります。最初は白色ですが、次第に色づいてきます。この大型のきのこは、温暖な場所を好み、地中海沿岸のナラの下で、直径20cmに及ぶ傘を広げますが、もっと北の広葉樹林、特にブナの木の下にも生えます。見た目がよく似ているオオサクラシメジほど、苦くはありません。南ヨーロッパで人気があり、苦味を和らげるために、砂糖を加えて調理することも。数が減っているので、採取しないほうがよいと言う菌学者もいます。

※サクラシメジは、日本では秋に、広葉樹林の地面に発生し、しばしば群生する。

*「赤みを帯びた」の意味もある。

TRICHOLOME RUSSULE

ニガクリタケ

Hypholoma fasciculare
有毒

硫黄色をしたこのきのこの有害性については、菌学者の間でも意見が分かれています。苦味が強くて食べられないだけだと言う楽観的な人がいる一方、幻聴をはじめとする向精神性作用を及ぼし、実際、食べて死亡した例があると警告する人もいます。絶対にだめだと言う人に対して、ウラベニイグチ*Boletus satanas*と同様に、ひどい下痢を起こす程度なので、それほど気にしなくてもよいと言う中間派も。結局、毒性については、よくわかっていないにしても、たいしたことではないということでしょうか。料理に関しては、議論しても無駄です。肉は苦く、嫌な匂いがするため、食べようとする人は誰もいないでしょう。ひょろりとした柄のこのきのこは、腐生菌で、有機物を分解して養分とし、切り株や、地面に落ちた枝、時には根にまで密集して生えています。ブナやシデなどの広葉樹を好みますが、針葉樹林が嫌いなわけではありません。フランスでは、春先から最初の霜が降りるまで、たくさん生えます。有毒ですが、食べるとおいしいセンボンイチメガサ*Pholiota mutabilis*の仲間のような顔をしているので、注意が必要です。

※ニガクリタケは、日本では春〜秋に、各種広葉樹や針葉樹の朽ちた切り株や倒木などに群生する。

HYPHOLOME EN TOUFFES
HYPHOLOMA FASCICULARE
CHAMPIGNON

キツネタケ

Laccaria laccata
食用

　「光沢のあるカヤタケ」とも呼ばれる、ごく平凡なきのこです。フランスでは、6〜11月に、広葉樹林の苔、枯れ葉、湿地などの湿った場所に群生しています。味に関しても、特に変わったところはなく、オムレツに入れるとおいしく食べられます。柄は堅いので残し、赤茶色や赤褐色の縞の入った2〜5cmの小さな傘だけを食します。気をつけなければならないのは、非常に毒の強いサクライロタケ*Mycena rosea*と似ている点です。アメジスト色をしたやはりキツネタケ属のウラムラサキ*Laccaria amethystina*も、同じような環境でよく生えています。

※キツネタケは、日本では夏〜秋に、広葉樹林内の地面に発生する。

LACCARIA VERNISSÉ

ムジナタケ

Lacrymaria velutina
食用（若いきのこに限定）

　イギリスでは、「涙にくれる未亡人」と呼びます。墓石の周囲や、英国教会を取り巻く緑の芝生に、よく生えているのはそのせいでしょうか。おそらくこの呼び名は、このきのこの涙を誘う外観によるものだと思われます。フランスでもかつては、「泣くクリタケ」と呼んでいました。湿気が多いと、ひだ（若い時は透明で、古くなると黒に近いこげ茶色）に露が滴り、傘の縁にヴェールのようなもの（傘と柄をつないでいた繊維状の被膜の名残）がかかります。泣くきのこのイメージは、これで完璧です。成長を始めると、綿毛のように、柔らかい細かな繊維が傘を覆い、次第に消えるという特徴があります。フランスでは、よく見かける種で、肥沃な芝や庭、泥地の小道を縁取る草の間に、春の終わりから最初の霜が降りるまで、ひと塊になって生えています。食用ですが、若いきのこだけを、新鮮なうちに食べること。おいしいと言って珍重する愛好家もいますが、このきのこを入れると、ソースが黒くなってしまいます。

※ムジナタケは、日本では夏〜秋に、草地や路傍、林道沿いの地面などに発生する。

HYPHOLOME PLEUREUR

チチタケ

Lactarius volemus
食用

　白い乳状の液をたっぷり出すので、フランスでは、「子牛」の愛称で呼ばれます（ただし、汁は乾くと茶色に）。鹿毛色をした傘のチチタケは、「甘い乳の出る飯子菜」という詩的な名でも呼ばれますが、もう1つの特徴を彷彿させる名称はありません。魚の匂いがするのです。特に古くなったきのこは、明らかにニシンの匂いがしますが、味に影響はありません。調理中のザリガニやアーティチョークの香りがすると表現する菌学者もいます。いずれにしても、好きか嫌いかはさておき、強烈な香りを放つことに変わりはありません。北半球の温暖な地域に自生します。魚のスープのような独特な匂いにもかかわらず、アジアでは好まれ、市場でよく見かけます。ヨーロッパでは、生でも食べますが、誰も関心はないようです。フランスでは、数が減っているため、種を保護する観点から、採らないほうがよいでしょう。

※チチタケは、日本では夏〜秋に、ブナやナラ類の混じった広葉樹林の地面などに発生する。

カラハツタケ

Lactarius torminosus
有毒

　食べると重度の仙痛を起こすため、フランスでは、「腹痛の
チチタケ」の名で呼ばれます。幸い、味が辛らつなため、食べよ
うとする人はあまりいません。フランスで「ふさふさしたチチタ
ケ」と呼ばれるのは、幼菌の時から傘が柔毛で覆われているた
めです。また、くすんだピンク色の肉を切ると、乳のような白い
液を出します。カバノキや荒地を好み*、そこで成長します。一
部の専門家によれば、リンゴかゼラニウムを思わせるよい匂い
を発して、きのこ狩りの初心者をだまそうとするのだそうです。

※カラハツタケは、日本では夏〜秋に、カンバ類の樹木の下の地面に発
　生する。

* 本種はカバノキ類を伴って発生することが多い。

ラクターリウス・デーリキオースス*

Lactarius deliciosus
食用

フランスでは、「おいしいチチタケ」と呼ばれていますが、実際はそれほどでもありません。ちょっとした勘違いがもとで、そんな名前がつきました。スウェーデンの自然学者カール・フォン・リンネが、18世紀に自国で、このきのこを発見した時、これこそカタロニア人の友人が話していた、赤い乳状の液を出すみずみずしくておいしいきのこに違いないと思い込み、「おいしいチチタケ」と命名したのです。リンネが間違えたのは、「血のように赤いチチタケ（*Lactarius sanguifluus*）」と呼ばれるカタロニア地方原産のきのこで、とてもおいしいのです。リンネが、この種を自国で採取したことからもわかるように、暑い夏には北上しますが、もともと温暖な地域を好み、緯度の低い地域などで見られます。マツの木の下か、その付近にしか生えません。ニンジンのように、鮮やかで美しい色をした乳状の液を出すため、「赤牛」の愛称でも知られています。

* 日本未報告種。かつてアカハツやアカモミタケと同一種と考えられたこともあるが、現在は、別種として取り扱われる。

CHAMPIGNON

Série XIX   N° 7

ツチカブリ

Lactarius piperatus
食用

　今日では見向きもされませんが、かつては乾燥させて粉末にし、高価なこしょうの代わりに用い、「オールスパイス」と呼ばれていました。ロシアやポーランド、フィンランド、ドイツ、スウェーデンでは、今も、調味料として重宝されています。酢漬けや塩漬けにしたり、乾燥させた後にすりつぶしたりして（辛味が少し和らぎます）、ソースの味つけに使うのです。「ピリッとするチチタケ」の別名もあり、夏の初めから秋の終わりに、北半球で一般に見られます。湿った場所を好み、広葉樹、特にナラの下に群生しますが、針葉樹の下にはめったに生えません。他の多くのチチタケ属と同様、牛にたとえられ、ツチカブリは肉やひだから浸み出す液の色から「白牛」です。直径15cmに及ぶ大きな傘も白色ですが、古くなり、黄色の斑に傷をつけると緑色に変わります*。

※ツチカブリは、日本では夏〜秋に、広葉樹林の地面に発生する。

* 乳液（白色）が変色しないものと、緑色に変色するものが知られており、緑色に変わるものは、現在、独立種アオゾメツチカブリ*Lactarius glaucescens*として取り扱われている。

LACTAIRE POIVRÉ

ケショウシロハツ

Lactarius controversus
食用

　150種にのぼるチチタケ属の中で、唯一、ひだがピンク色で、白い乳状の液を出します。大きな傘は、漏斗をひっくり返した形をしていて（学名*controversus*は「逆さにした」の意）、直径30cmに達することがあります。クリーム色の傘に、薄紫色の斑点と環が同心円を描き、湿気が多いとべたべたになります。傘が、土や植物の残骸でいっぱいになったり、激しいにわか雨の後などに、雨水が溜まったりすることも。珍しいきのこで、ヤナギ類の木の下に生えることから、「ハコヤナギのチチタケ」とも呼ばれます。フランスでは、夏から秋の終わりに、草の間に単生、または群生しています。ピンク色のひだを除けば、他の白いチチタケ類 ── ツチカブリ*Lactarius piperatus*、ケシロハツ*Lactarius vellereus*、ラクターリウス・パルリドゥス**Lactarius pallidus* ── によく似ています。辛味も共通で、乾燥後、粉末にして調味料にする以外、料理にはほとんど使われません。

※ケショウシロハツは、日本では夏〜秋に、広葉樹林、特にヤマナラシやヤナギ属の樹下に発生する。

* 日本未報告種。

LACTAIRE TACHÉ

カイガラタケ

Lenzites betulina
食用

　1838年、植物学者のエリーアス・マグヌス・フリースは、こ
のきのこを、スウェーデンに多いカバノキで採取したため、現代
きのこ分類学の父は、当然のように「カバノキのカイガラタケ
（*Lenzites betulina*）」と命名しました。フランスでは、「ぷよ
ぷよのカイガラタケ」などとも呼ばれています。実は、どんな広
葉樹にも生え、針葉樹林でも見かけます。冬を含む年間を通じ
て生えますが、発生数が多いわけではありません。有機物を分
解して養分とする腐生菌で、枯れ木にも立ち木にも自生し、幅
3〜8cm、厚さ約2cmの傘を広げます。扇形の、時には何重に
も折り重なった傘には、白色、こげ茶色、赤茶色、灰色の溝が、
同心円状に美しく描かれ、柔毛で覆われています。なめしたよ
うな傘の裏のひだは、鮮やかな黄色＊で、藻がくっついているこ
ともあり、そんな時は緑色のぶちが鮮やかに映えます。肉は木
のようで、食べるには不向きです。日本では、漢方薬として用い
られ、血液の循環を促す他、解毒、殺菌、抗がん作用があると
言われています。

※カイガラタケは、日本では夏〜秋に、広葉樹まれに針葉樹の枯れ木上
　に発生するが、腐り難いのでほぼ年間を通して見られる。

＊ 典型的なものは、白からクリーム色、時にやや灰色。

LENZITE FLASQUE

カラカサタケ

Macrolepiota procera
食用

　フランスでは、「のっぽのカラカサタケ」と言い、高さ45cmに達することもあるこのきのこにぴったりの呼び名です。巨大な傘も同じぐらいの大きさになります。何回か採取すれば、傘だけ食べてもおなかがいっぱいに。焼いても、パン粉をまぶして揚げてもおいしく食べられます。ただし、柄は、中が空洞で繊維が多いため、除きます。豊富に採れてサイズも大きいことから、人気は高く、地方によって、数々の愛称で呼ばれています（「パラソル」「ネコの鼻」「太鼓のバチ」「お嬢さん」「指輪をはめた騎士」など）。柔らかな毛で覆われ、フリンジのついた環状の厚いつばを、上下に動かせることが、大きな特徴です。淡茶色または灰茶色の傘と柄はうろこ状で、ささくれ立った柄は、15cmをゆうに超え、有毒のキツネノカラカサ属と区別する手がかりになります。フランスでは、7〜10月に、広葉樹林や針葉樹林に生え、ヒースやシダの間が一般的ですが、草原や畑でも見かけます。

※カラカサタケは、日本では夏〜秋に、林地や竹やぶ、草地、路傍などに
　発生する。

ワタカラカサタケ

Lepiota clypeolaria
有毒

　小型のキツネノカラカサ類は、すべて毒があり、しかも猛毒ですが、このきのこは例外です。だからといって、あえて料理しようとは思いません。食べられると言うのがせいぜいで、菌学者の間でも、毒性がはっきりしていないため、避けたほうが賢明です。キツネノカラカサ類のきのこは、よく似通っているため、成熟しても10cm未満のものは採らないようにと、専門家は慎重な立場を取っています。特に、赤色、オレンジ色、バラ色をした傘は要注意。小型のキツネノカラカサ属の中には、猛毒のテングタケ類に匹敵するほど、毒の強い種がいくつかあるからです。実は、キツネノカラカサ属は、テングタケ属と同じα-アマニチンを含み、中毒症状も似ています。中でも、茶色のドクキツネノカラカサ[*1]*Lepiota helveola*、レピオータ・ヨスセランディ*Lepiota josserandii*、レピオータ・ブルンネオインカルナータ[*2]*Lepiota brunneoincarnata*、レピオータ・ブルンネオリラーケア[*3]*Lepiota brunneolilacea*がその代表です。このきのこは、夏と秋に、広葉樹林や針葉樹林に生え、ミントの強い香りを放つことでも見分けられます。

※ワタカラカサタケは、日本では夏〜秋に、林内や路傍、庭園などに発生する。

*1*2*3　日本未報告種。

Lépiote en Bouclier

シロカラカサタケ

Lepiota naucina[*]
食用

　「うろこ」を意味するギリシャ語のlepisが、キツネノカラカサ属*Lepiota*の語源です。ただし、この白っぽいきのこには、あまりうろこがありません。フランスでは、夏と秋に、草原やたっぷり肥料をやった牧草地、芝地、道の脇に生えた草の間で、群れを作り、輪になって生えているのをよく見かけます。形と発生場所から、マッシュルームの田舎の親戚と言われるハラタケと混同されますが、ひだが白いところが違います。ただし、あまりおいしいとは言えず、消化もよくありません。テングタケ類の三大毒きのこの1つ、シロタマゴテングタケにも似ていますが、こちらは森に生えることで区別がつきます。そうは言っても、森の周辺で、キツネノカラカサ類に混じっていることもあるので、注意が必要です。シロタマゴテングタケとの違いは他にもあり、このきのこは柄につぼはなく、上下に動くつばがありますが、つばは古くなるとなくなります。また、ちょっとした違いですが、このきのこに傷をつけると、傘が黄色くなります。とはいえ、シロタマゴテングタケと間違える危険を冒してまで、採ることはないでしょう。

※シロカラカサタケは、日本では夏～秋に、草原に多く群生する。

[*1] 新学名*Leucoagaricus leucothites*。

Lépiote Pudique

シバフタケ

Marasmius oreades
食用

復元する力があります。肉は腐りにくく、乾燥しても、ひと雨くればすぐ元に戻り、それどころか再び成長して胞子まで作ります。ちなみに、ラテン語の*marasmius*は、「乾いて枯れる」の意で、「秋に食べるきのこ」とも呼ばれ、確かに乾燥しやすいものの、水分を与えれば、刈ったばかりの干草の香りとハシバミを思わせる味を取り戻します。子牛やウサギ、家禽料理に添えると絶品です。崖の斜面、道、草原などの草地を好み、大きな輪を作って生えます。傘の色は、天気によって変わり、湿気が多いと茶色、空気が乾いていると黄色で、中心は色が濃くなっています。柄は堅く、ねじっても切れないので、古くなると見た目が非常によく似ている2種のきのこ、有毒の白いクリトキーベ・デアルバータ[*1]*Clitocybe dealbata*や、猛毒のレピオータ・ブルンネオインカルナータ[*2]*Lepiota brunneoincarnata*と区別することができます。

※シバフタケは、日本では夏〜秋に、草地や芝生に多く群生する。

[*1*2] 日本未報告種。

MARASME FAUX-MOUSSERON
Bois herbus _ Pâturages.

アミガサタケ（モリーユ茸）

Morchella esculenta
食用（要加熱）

1944年6月6日に連合軍がノルマンディに上陸した翌年、この地方で豊富に採れたそうです。真偽のほどはともかく、よく耕された土地を好み、鉄道に敷いた砂利の間、砂利道などの信じられないような場所にも生えてきます（同属のモルケーラ・デュネンシス*Morchella dunensisは、砂浜にまで）。ブロンド色をしたおいしいこのきのこは、約10のタイプに分かれ、傘が丸いか長細いか、ブロンド色か茶色か、柄の形などをもとに見分けるのは容易ではありません。しかし、どれもおいしいので気にしなくても大丈夫。クリームであえても卵料理に入れても、かぐわしい香りを放ちます。フランスでは、伝統的な調理法（魚介とアミガサタケのパイ包み）から、最先端の料理（フォワグラのアミガサタケ、リンゴ、コケモモ添え）まで、レシピは尽きません。天候と高度に応じて、フランスでは4～6月に生えます。繊細な味を際立たせるため、乾燥させてから食べる愛好家もいます。いずれにしても、生はタイプにかかわらず、有毒なので食べないように。75℃以上で加熱するか、長期間乾燥させれば、含有物である赤血球を破壊する溶血素が失われます。

※アミガサタケは、日本では春に、畑地や路傍、公園などに単生～群生する。

* 日本未報告種。

トガリアミガサタケ

Morchella conica
食用（要加熱）

　アミガサタケの調理法と言えば？　クリーム、それともアスパラガスと一緒に？　丸ごと、または薄くスライスして？　水でよく洗う、それとも単に拭くだけ？　料理家たちは喧々諤々（けんけんがくがく）です。ポルチーニ（ヤマドリタケ）と並んで、アミガサタケは、フランスの食の世界で、愛されているきのこの1つ。レシピはいくらでもあります。ただし、生だと毒があるので、サラダにして食べてはいけません。加熱するか、乾燥させてから食べます。アミガサタケの仲間で、この黒いきのこは、強烈な香りを放ちますが、なかなか見つかりません。雪解けの頃、山地に生えますが、もともと数が少ないうえに、色が紛らわしいので見つけるのは至難の技です。名人は、モミやトウヒの木の下を探します。他のアミガサタケ類と同様、傘と柄は、空洞になっていて、これが学名*Morchella*の由来です（ドイツ語で「小さなスポンジ」の意）。このきのこは、名前のとおり、平行線の入った蜂の巣状のとがった帽子を被っていて、フランスでは、「のっぽのアミガサタケ」の他、「先のとがったアミガサタケ」とも呼ばれます。

※トガリアミガサタケは、日本では春に、畑地や路傍、公園などに単生〜群生する。

CHAMPIGNON

Série LXXVIII N° 4

ユキワリ

Calocybe gambosa
食用

　ヤマドリタケ（ポルチーニ）、アミガサタケと並ぶ、きのこの王様。繊細な味は、魚介類や鶏肉によく合います。生えるところは、アミガサタケと一緒で、平原や生け垣、サンザシやプラムの木の下。山地では、特に草原で輪を作り、毎年同じ場所に生えます。石灰質の土壌を好み、化学肥料をまいた耕作地では、あまり見られません。直径5〜15cmと、比較的大きめの白色かベージュ色の傘が、でっぷりとした柄に載っています。聖ゲオルギウスの祝日である4月23日頃から生え始め（そのため、「聖ゲオルギウスのきのこ」、あるいは「聖ゲオルギウスのキシメジ[*1]」とも呼ばれます）、6月の終わりに姿を消します。この季節は、生えているきのこが少ないので、間違える危険はあまりありません。ただし、それが、猛毒のパツイヤーアセタケ[*2]*Inocybe patouillardii*だったら大変です。食用のこのきのこは、一度嗅いだら忘れられない小麦の強い香りで見分けます。また、ひだが密集し、肉は粉っぽくて厚めです。

※ユキワリは、日本では北海道から、春に林内の地面に発生すると報告があるが、再確認の必要がある。

[*1] 本種は外観的にキシメジ属のきのこに類似し、かつて広義のキシメジ属*Trichdoma*の菌として取り扱われたことがある。
[*2] 日本未報告種。

ナメアシタケ

Mycena epipterygia
食用

　この優美なきのこは、フランスでは秋に、森や荒地に生えます。レモン色、または淡黄色のすらりとした柄に、釣鐘型の帽子を被っています。細い溝のある傘は、透き通るような薄さです。小さな集団を作り、密集して生えることはありません。シダを好むため、フランスでは、「シダのクヌギタケ」と呼ばれます。草や苔、腐植土などの湿った場所がお気に入りです。有毒ではないのものの、食材としての魅力はありません。柄が2cmにもならず、小さすぎて、探すのもひと苦労です。数百種を数えるクヌギタケ属の1種で、様々な植物の遺体を養分に成長します。

※ナメアシタケは、日本では秋に、針葉樹林または広葉樹林内のコケ類の
　間や腐木上に発生する。

センボンアシナガタケ

Mycena inclinata
食用

　すえたろうそくのような匂いがします。これが、クヌギタケ属の他のきのこと区別する一番確実な方法です。フランスでは、秋の終わりから最初に霜が降りるまで、ブナやクリなどの広葉樹の切り株に密集して生えています。「足のきれいなクヌギタケ」とも呼ばれますが、根元が赤茶色、真ん中が琥珀色、上の方が白い、ひょろひょろの柄が美しいかどうかは疑問です。食用で危険はありませんが、食の喜びとも無縁。これは、数百種に及ぶクヌギタケ属のきのこに共通する特徴です。ただし、このきのこによく似た、ラディッシュの強い香りがするサクラタケ*Mycena pura*やサクライロタケ*Mycena rosea*をはじめ、有毒種もいくつかあります。

※センボンアシナガタケは、日本では秋に、広葉樹の切り株や倒木の上に発生する。

Mycène Incliné

セイヨウタマゴタケ

Amanita caesarea
食用

　セイヨウタマゴタケこと「皇帝のテングタケ」は、まさに皇帝の名にふさわしいきのこ。ローマ皇帝の大好物だったことでも知られています。このタマゴタケについては、キケロやホラティウス、プリニウス、スエトニウス、セネカ、ユウェナリスといった文人が、著作に残し、君主の食卓にふさわしいと評しています。古代ローマの美食家アピシウスは、「セイヨウタマゴタケを、コリアンダーのブーケとワイン、塩、こしょうで下ごしらえをし、肉汁で煮て、つなぎにハチミツ、油、卵の黄身を加える」料理法を紹介しています。生でも食べられ、フランスではレシピも豊富です。地中海沿岸の南フランスやイタリアで、7〜10月によく見られ、夏の暑さが厳しい年などは、ロワール川以北で見かけることもあります。傘は、直径8〜18cmと大きく、あわて者は、有毒の「偽のタマゴタケ」ことベニテングタケ*Amanita muscaria*と間違えるおそれがあります。とはいえ、黄色いひだとつば、鞘になったつぼで区別は可能です。ごく若いものは、鞘にすっぽり包まれていて、まるで地面から卵が生えているみたいに見えます。

※セイヨウタマゴタケは、日本ではまだ発生に関する確かな報告がない。

ヒダハタケ

Paxillus involutus
猛毒

　かつてフランスでは、食べるとおいしいとされていました。生食が有毒だと判明したのは、50年ほど前のことで、長時間加熱してもやはり毒性があることがわかったのは、つい最近のことです。メカニズムはまだよく解明されていませんが、一部の人は、このきのこを食べると重度のアレルギー症状を起こします。最初に食した時に発症する場合もありますが、何度も食べた後に、有毒物質に反応するようになる場合が多いようです。毒素については、ほとんど何もわかっていません。赤血球に付着して破壊し、腎機能に障害をもたらし、最悪の場合、死に至ることもあります。フランスでは、夏と秋にたくさん生えます。カバノキなどの広葉樹の下で湿った場所を好みますが、道沿い、斜面、芝地、街の公園でも見かけます。一部の地方では何世代にもわたって食されてきただけに、大変危険です。1970〜1980年代には、菌学のガイドブックでも、加熱すれば食べられると紹介していました。知識は常に更新しなければならないことが、よくわかるでしょう。

※ヒダハタケは、日本では夏〜秋に、広葉樹林、特にハンノキ類の樹下の
　地面に発生する。

Paxille Enroulé

ウラスジチャワンタケ

Helvella acetabulum
食用（要加熱）

　地面にそっと置かれた茶碗とでも形容すればよいでしょうか。ギリシャ語では、「柄のないきのこ」と言います。ただし、正確な表現ではありません。一般に見られるこのチャワンタケの仲間には、短いながらも、2〜3cmの柄がついているからです。器のほうは、地方によって杯だったり、ゴブレットだったり、聖杯だったりと、呼び方は様々です。直径約4cmの茶碗の中は、濃い栗色で、外側はいくらか色が薄くなっています。フランスでは、春から夏の初めに、広葉樹林や針葉樹林の周辺に、このきのこが生え始めると、アミガサタケの季節は終わりです。食べられますが、よく加熱しないと毒性を現します。しかもおいしいとは言えません。

※ウラスジチャワンタケは、日本では春に、林内や庭園の地面に発生する。

PEZIZE EN COUPE

スッポンタケ

Phallus impudicus
食用

　説明は不要、名前を見ればわかります。チャールズ・ダーウィンの大姪によると、叔母にあたる有名な自然科学者の娘は、大変敬虔(けいけん)な人で、住んでいたケンブリッジ界隈から、みだらな形をしたきのこを一掃するべく、大々的なきのこ狩りを企て、「善良な人々のモラル」を護るため、収穫したきのこをひそかに火にくべたのだそうです。また、トーマス・マンは、『魔の山』の中で、この食用きのこについて、「形は愛を思わせるものの、体から発するのは死の匂い。胞子を抱いたどろりとした緑色の液体を、釣鐘型の頭から滴らせながら、スッポンタケが放っているのは、明らかに死体の匂いだ……」と書いています。「臭いサテュロス」(こんな風にも呼ばれています)の傘は、嫌な匂いのする粘液で覆われていて、それでハエをおびき寄せるのです。ハエは、足に胞子をつけ、散布する役割を担います。トーマス・マンは、先ほどの記述に続いて、「無知なる者は、このきのこに麗しい催淫効果があるとしている」とも記しています。もちろんこれは、フィクションですが、何世紀にもわたって、その名にふさわしく魔女の道具の1つだったことは間違いありません。

※スッポンタケは、日本では梅雨〜秋に、竹やぶや林内、林緑部などにごく普通に群生する。

PHALLE VULGAIRE

エリンギ

Pleurotus eryngii
食用

　石灰質のカルスト台地が広がる、南フランスの羊飼いにおなじみのきのこ。羊飼いたちは、朝日に輝くエリンギは、地面に置かれた小さな鏡のようだと言い、「アザミの耳」「司祭の耳」「耳覆い」と呼んでいます。別名「エリンギウム（ヒゴタイサイコ）のヒラタケ」は、オー・ラングドックからプロヴァンス地方に至る南フランスに比較的多く、大西洋岸でも見られます（フランス南西部のオレロン島には、島特有の呼び名があります）。きのこ好きのローマ人にも知られていました。小石が多く、乾燥した石灰質の土壌や砂地を好むアザミの一種*、ヒゴタイサイコ類の根の上にしか生えません。地中深く根を張るエリンギは、地面から生えているのだと思われがちですが、実は、地中深くの植物に寄生しています。フランスでは、年間を通じて（時には冬も）、地中海沿岸で見られ、南イタリアにも自生し、「カルドンチェッロ」と呼ばれています。イタリアのプーリア州では、美食を象徴する食材で、ジャガイモやニンニクと一緒にオーブンで焼いて食べます。

※エリンギは、日本では栽培種。平成に入って間もなくの頃（平成5年、1993年）、海外から日本に導入され、日本には自生していない。

* エリンギウム属の植物（ヒゴタイサイコ類、あるいはマツカサアザミ類）には、花がアザミに、葉がヒイラギに似ているものが多いが、セリ科に属し、真のアザミ類（キク科）やヒイラギ類（モクセイ科）の仲間ではない。

Pleurote de l'Eryngium

シロタモギタケ

Hypsizygus ulmarius
食用

　かつてニレの木は、どこにでも生えていましたが、立枯れ病のため、20世紀にヨーロッパから姿を消しました。ニレに生えるこのきのこも、宿主のニレの木と同じ道をたどります。フランスでは、「ニレのヒラタケ」「ニレの耳」と呼ばれています。ニレは、農民に多くの恵みをもたらし、木は用材に、葉は家畜の餌に、きのこは人間の食事に役立てられました。「ニレのヒラタケ」は、おいしいうえ、たくさん採れたので重宝されました。北米では、立枯れ病をまぬがれたニレだけでなく、カエデにも自生しています。弱った立ち木、枯れた枝、傷ついた幹に生え、数メートルの高さのところでも見かけます。単生または群生しますが、かたまって生えることはありません。大型で、白色や黄土色を帯びた傘は、直径20cm、時には直径30cmに及び、古くなるとひびが入ります。柄の長さは5cmほどで、傘が水平を保つように曲がって伸びます。今日、人工的に栽培することも可能ですが、ヒラタケ*Pleurotus ostreatus*ほど、市場に出回ってはいません。

※シロタモギタケは、日本では秋に、広葉樹、特にニレ類の倒木や枯れ木に群生する。

PLEUROTE DE L'ORME

マイタケ

Grifola frondosa
食用

　菌学者のトム・ヴォルクは、アメリカで、重さ12kgにも及ぶこのきのこを発見しました。彼のコレクションの中でも最大級ですが、4kgほどのサイズなら、頻繁に見つかると言います。小さな傘が何層にも重なっており、中心にある柄から枝分かれした傘は、それぞれ幅4〜10cm、厚さ1cmの扇状で、全体では直径50cmに達し、さらに大きいものも存在します。親戚のトンビマイタケ*Meripilus giganteus*などは、たいていが直径1mほどもあるのだとか。ブナやナラなどの広葉樹に寄生し、地面に近い幹や根に生え、夏から秋に成長します。フランスで、「木の鶏」というおもしろい名前でも呼ばれているのは、太い木の根の間に生えていると、卵を温めている鶏に似ているという説から。おまけに加熱すると若鶏のような味がします。とても優れた食材で、乾燥させると保存ができ、食べるものが何もない時に重宝します。

※マイタケは、日本では夏〜秋に、ミズナラやシイなどの広葉樹の大木の地際に群生する。

POLYPORE CHICORÉE

カンバタケ

Piptoporus betulinus
食用

　1991年、オーストリアにある高度3200mの氷河で、新石器時代の男性のミイラが発見されましたが、このアイスマンもカンバタケを食していました。エッツィと呼ばれるこのミイラは、このきのこを革紐でつなぎ、革の袋に入れ、虫下しに利用していたと見られています。今から4500年前にさかのぼる時代から、抗生物質の代わりになることが知られていましたが、田舎では乾燥させて、かみそりの刃を研ぐのにも使いました。時が変われば活用法も変わるもので、今日では、洗練された装飾としてフラワーアレンジメントの材料にも。カバノキを好み、弱った立ち木や倒木の幹の上にも下にも生えてきます。長さ10〜30cm、厚さ5〜20cmに及ぶ、底の厚い木靴のような傘は、小さな柄で木についているため、簡単に採ることができます。傘はむしろ柔らかく、フェルト状のこともあり、白色か灰茶色をしています。フルーティなよい香りを放つ肉は、すぐコルク質に変わり、こうなるともう食べられません。

※カンバタケは、日本では夏〜秋に、シラカンバやダケカンバなどのカバノキ類の枯れ木上に発生する。

カワリハツ

Russula cyanoxantha
食用

　ラードを入れたベニタケ類のスープは、フランスの伝統的な料理。確かにラードは、ベニタケ類の香ばしい風味によく合います。偶然ですが、菌学者によって、「豚脂様」と形容されるひだは、触るとねっとりして、指を滑らせても、ひだが壊れることはなく、まさにラードそのもの。別名「紫のキス」とも呼ばれるこのきのこの特色で、ひだのもろいドクベニタケなどと区別する一番確実な方法です。それ以外に、目立った特徴はありません。学名のcyanoxanthaは、ギリシャ語の「青色と黄色」が語源ですが、実際の色のバリエーションは、紫、濃紫、薄紫、淡灰、濃紺、淡緑、深緑と7色に及び、まるで虹かオウムのよう。黄色いものもあると言います。フランスで、「炭屋のベニタケ」と呼ぶのは、色のスペクトルが炭火に近いからです。春に大量に生え、秋に雨が降る頃、再び見られます。針葉樹林や広葉樹林で、小さな集団を作って群生しています。

※カワリハツは、日本では夏〜秋に、広葉樹林や針葉樹林の地面に発生する。

RUSSULE CYANOXANTHE (Charbonnier)
Bois ombreux.

ニシキタケ

Russula aurata
食用

　食べておいしいベニタケ類は、2〜3種に限られます。中でも、色の美しいこのきのこは、アイタケと1位の座を争います。肉質がもろいので、料理する時は、あまり加熱しないように。残念ながら数が少なく、おなかを満たすだけの十分な量を採ることは困難です。南フランスに比較的多く、美食界では、劣らず有名なセイヨウタマゴタケ*Amanita caesarea*と並んで生えています。この2つのきのこは、見た目も似ていますが、いずれも美味なので問題はありません。このきのこは、ひだも柄も黄色で、オレンジがかった赤い傘には、鮮やかな黄色い模様が入っています。秋に降る長雨を好み、10日もするとたちまち顔を出しますが、春の終わりにも生え、広葉樹林の湿った場所に単生しています。

※ニシキタケは、日本では夏〜秋に、広葉樹林の地面に発生する。

Russule Dorée

ドクベニタケ

Russula emetica
非食用

　まるで籠からこぼれ落ちたサクランボのようです。若いきのこはなおさらで、思わずかじりたくなります。けれども、食いしん坊が、赤く輝く果物にも似た、いかにもおいしそうなこのきのこの誘惑に屈するのは、大きな間違いです。正確には有毒ではありませんが、名前に「ドク」とあるように、食べると、ひどい吐き気をもよおします。ただし、必ず発症するというわけではありません。ところで一体、ココナッツの魅惑的な香りを放つこのきのこを、飲み込むことのできる人はいるでしょうか？　美しいのに、おそらく菌界でも随一の辛さでしょう。夏から秋にかけて、針葉樹林（トウヒの木がお気に入り）の湿った場所に、小さな集団を作って群生しています。柄は、特に根元がピンク色で、滑らかな傘は、湿気が多いとべたべたします。古くなった傘は赤色があせて薄桃色の平らな形になり、朱色の鳩のような美しい色合いが見る影もなく失われます。

※ドクベニタケは、日本では夏〜秋に、針葉樹林や広葉樹林などの地面　に単生〜群生する。

クサハツ

Russula foetens
非食用

このきのこのこの偽りの魅力に惑わされたきのこ愛好家は、1人ではありません。それどころか、若いものは、前日に生えたばかりのヤマドリタケ（ポルチーニ）にそっくり。しかし、近づいてみると、たちまち化けの皮がはがれます。この偽ヤマドリタケの傘は、ぬめりがあるどころか、べとべとと形容したほうがよいぐらいで、おまけにひだは、ひと雨降れば露を滴らせ、見るも無残な姿をさらします（特に若い時）。さらに、とどめを刺すのが匂い。フランスで、「臭いベニタケ」と呼ばれるのも当然です。何と言ったらよいでしょう。焦げたゴムや、髪の毛や羽根、角が燃えた時の強烈な匂い……。とにかく嫌な匂いで、古くなるともっとひどくなります。成長した傘は、直径20cmに達し、色は、時に灰色を帯びた赤茶色で、中心は色が濃くなっています。深いすじ*が特徴で、「すじのあるベニタケ」という別名の由来でもあります。ヨーロッパと北米で、夏から秋によく見られ、広葉樹林や針葉樹林の湿った場所に群生します。味は辛くて食べられません。そもそも、このきのこを好物とするナメクジ以外、誰が食べようと思うでしょうか。

※クサハツは、日本では夏〜秋に、広葉樹林や針葉樹林の地面に発生する。

* 傘の縁にある隆起したすじのこと。

RUSSULE FÉTIDE

ルッスーラ・グリセア *

Russula grisea
食用

　フランスでは、「灰色のベニタケ」と呼ばれ、夏と秋の初めに、特にブナの木の下に生えます。傘は、青灰色から薄紫色の鳩の喉を思わせる色合いで、傷をつけると、紫を帯びたピンク色に変わります。カワリハツと混同することがありますが、カワリハツは、ねっとりとしたラードのような、触っても壊れないひだが特徴で、その点がこのきのこと大きく異なります。350種を数えるベニタケ類のうち、おいしく食べられるのは、ニシキタケ *Russula aurata*、カワリハツ *Russula cyanoxantha*、アイタケ *Russula virescens* の3種だけで、他の大部分は、辛くて食用になりません。ただし、そのうち約10種は食べられないこともなく、その1つがこのきのこです。

* 日本未報告種。

Russule Gorge de Pigeon

ヤマブキハツ

Russula ochroleuca
食用

　このきのこを食用きのこに分類する菌学者もいますが、味がなくてどう見積もってもおいしくありません。食用とする理由は単純で、350種を数えるベニタケ属の中にあって、黄色のものに、有毒な種が知られていないだけのことです。食べられなくもないベニタケ類が、キッチンから追いやられている理由は、その毒性ではなく、匂い（不快な匂いまたは悪臭がする）と味（辛いか苦いか）にあります。今日のフランスで、このきのこは、「白色と黄土色のベニタケ」と呼ばれることが多く、色は実際に黄土色のグラデーションで、中心はいくらか濃い色になります。ひだは白く、柄は灰色を帯び、古くなると傘の真ん中がへこみ、漏斗状に。夏の終わりから秋の終わりに、広葉樹林や針葉樹林でよく見かけ、特にマツの木がお気に入りです。大半のベニタケ類と違って、乾いた場所を好んで生えます。

※ヤマブキハツは、日本では夏〜秋に、針葉樹林や広葉樹林の地面に発生する。

ウスクレナイタケ

Russula rubra
非食用

　ベニタケ類のきのこは、極端に苦いため、料理の世界からお呼びの声がかかることはありません。しかし、菌学者にとっては、大いなる喜びの源です。もともと種が多いうえ、色や大きさなど、種ごとに基準となる特徴から逸脱する個体が多く、種を見極めるのがひと苦労ですが、まさにそれが菌学者に喜びをもたらしています。例えば、フランスで「赤いベニタケ」と呼ばれるこの種も、通常、直径4〜8cmの赤い落ち着いたトーンの傘を指していますが、実際の色のバラエティは、場所や天気や季節によって、光っていたり、紫がかっていたり、オレンジ色を帯びていたり、サイズも大きかったり小さかったりと様々。種を区別するのが難しいのは、ハラタケ類と同じですが、ベニタケ類かどうかは、簡単に見分けられます。ざらざらした肉は、チョークのようにもろく、その点は、チチタケ類と変わりませんが、乳のような液を出さないのですぐわかります。柄は太く締まっていて、肉厚です。

※ウスクレナイタケは、日本では夏〜秋に、針葉樹林や広葉樹林の地面に発生する。

アイタケ

Russula virescens
食用

　生で食べれらる数少ないきのこの1つ。食通の間で人気が高く、特に若いきのこが好まれます。人間だけでなく、ナメクジや毛虫も好物で、成熟したものは、容赦なく食べ尽くされてしまいます。フランスでは、喉の色が似ているモリバトにたとえられる他、「緑のキス」「緑党」「緑の尻」「司祭のキス（理由は神のみぞ知るです）」など、様々な名称で呼ばれています。ピスタチオ色から灰緑色まで、バラエティに富んだ色をしていますが、要は緑色。春の終わりから秋にかけて、ブナをはじめとする広葉樹林の、木がまばらで日の当たる場所に生えます。サメ皮のような細かいひびが入っていて、傘の緑の表面には白い肉がのぞき、他の種と容易に区別できる点で非常にまれなベニタケ類です。若い頃は、色が淡くて白っぽいため、毒性の強いタマゴテングタケ*Amanita phalloides*と混同されがちですが、幸い、毒きのこは、柄についているつばとつぼですぐに見分けられます。

※アイタケは、日本では夏〜秋に、おもに広葉樹林、特にブナやミズナラ、コナラなどの地面に発生する。

RUSSULE VERDOYANTE

モエギタケ

Stropharia aeruginosa
非食用

　青みがかった緑色、ぬめりのある傘、ゼラチン状の被膜、白い
イボ*、綿くずを房のようにつけた淡青色の柄……。おいしそう
にはとても見えません。そのほうがよいのです。有毒ではありま
せんが、中枢神経系を冒し、幻覚を誘発するシロシビンを含ん
でいるからです。ただし、含量が少ないので、遠い親戚のマジッ
クマッシュルームとは区別されます。

※モエギタケは、日本では秋に、林内の腐植の多い地面に発生する。

* 傘の縁の表面に付着している被膜の名残り。

STROPHAIRE VERT DE GRIS

サマツモドキ

Tricholomopsis rutilans
非食用

　色鮮やかに輝かんばかりの大変美しいきのこで、下草の間でひときわ目を引きます。若い時は、傘が緋色のビロードのような細かい毛に覆われていますが、古くなると、柔らかな毛が集まって小さな鱗片状に変わり、その間に、鮮やかな黄色をのぞかせるようになります。柄もビロードのようになめらかですが、毛並みはいくらか粗め。傘の直径が、15〜20cmに達することもありますが、小さかったり毛がまばらだったりと、形態は様々に異なります。木を基質とし、夏の終わりから秋の終わりに、針葉樹の切り株や倒木に生えます。しかし、遠くから眺めるだけのほうがよいのかもしれません。匂いは腐った木のようで、快いものではありませんから。有毒ではありませんが、苦いので料理には不向きです。

※サマツモドキは、日本では夏〜秋に、マツやモミなどの針葉樹の切り株や腐木上に数本束生することが多いが、単独で発生することもある。

キシメジ *1

Tricholoma flavovirens *2
有毒

　中世、馬に乗る貴族のための特別な一皿として供され、フランスでは、「騎士」と呼んでいます。また、黄金色をしていることから、「カナリア」「淡黄色のきのこ」という呼び名もあります。何世紀にもわたって、特に南フランスや南西フランスで食され、秋の終わりに、針葉樹の下に生えていました。毒性を持つと判明したのはごく最近のことです。2003年、フランス厚生省は、危険種と定め、2005年、政令で販売を禁じる措置を取りました。1990年代に、フランス南西部で、3名がこのきのこの犠牲になったと言います。長年、見すごされてきたのはなぜでしょう？　おそらく、食べても消化器には障害を起こさなかったからだと考えられています。このきのこが引き起こすのは、横紋筋融解症という筋肉が融解する病気で、食後24〜72時間後にしか発症しません。しかも、大量に食べた時（調理前の重量で150g以上、週に複数回）に限られます。

※キシメジは、日本では晩秋に、針葉樹林、おもに海岸のクロマツ林の地
　面に発生する。

*1 日本での中毒例は知られていない。ヨーロッパの種類と同種か否かに
　ついては再検討の必要がある。
*2 この学名は現在、*Tricholoma equestre*の異名として取り扱われるこ
　とが多い。

ニオイキシメジ

Tricholoma sulfureum
非食用

　フランスでは、「地獄のキシメジ」と呼んでいます。もちろん、硫黄の匂いがするせいです。菌学者たちは、昔の灯火用ガスの匂い、またはアセチレンの匂いと形容していますが、世間一般では、卵の腐った嫌な匂いで通ります。硫黄のような黄色をしているので、色と匂いですぐにわかります。傘（しばしば赤茶色を帯びています）、ひだ、肉、柄と、上から下まで全身が鮮やかな黄色で、同属のキシメジとよく似ていますが、硫黄の匂いがするのが大きな違いです。また、キシメジが、針葉樹林に生えているのに対し、このきのこは、広葉樹林を好みます。「地獄のキシメジ」の名にもかかわらず、それほど危険ではありませんが、赤血球を破壊する溶血素を含んでいると言われ、胃腸炎を起こす可能性があります。はっきりしないので、食べないほうが無難です。

※ニオイキシメジは、日本では秋に、広葉樹林の地面に群生〜散生する。

Série LXXIX — N° 3

クロラッパタケ

Craterellus cornucopioides
食用

　フランスでは、「ムーア人のラッパタケ」の名で販売されています。おそらく、フランスでの通称「死のトランペット」よりも、購買意欲をそそるからでしょう。なぜ、こんな名前で呼ばれるようになったのかは、不明です。黒い色のせいかもしれませんが、いずれにしても、毒で食通たちを死に追いやったからではなさそうです。群生する様子から、「コルヌー・コピアイ（豊穣の角）」とも形容される、このラッパタケ類のきのこは、味が繊細で、いかなる毒きのこのことも混同する心配はありません。たくさん採れるのも魅力の1つで、広葉樹林一面に、じゅうたんのように生えます。フランスでは、夏と秋に、とりわけブナの木の下に生えますが、針葉樹林で見かけることもよくあります。たくさん採れた時は、乾燥させるのが一番です。乾燥後に風味が増し、水を加えれば、そのまま料理に使えます。粉末にして調味料にすれば、ソースに繊細な風味をプラスすることができます。ウサギや家禽の肉にぴったりで、子牛に添えると最高です。

※クロラッパタケは、日本では夏～秋に、広葉樹林、時に針葉樹林の地面に発生する。

CRATORELLE CORNE D'ABONDANCE

セイヨウショウロ（トリュフ）

Tuber melanosporum
食用

　「珍しいものほど高価である」とはよく言いますが、それに違わないきのこです。かつて、「地球の排泄物」と言われた黒いトリュフが、1kgあたり1000ユーロに達した年もあります。宿主である木と地中で共生し、宿主は、おもにヨーロッパナラやセイヨウヒイラギガシなどのコナラ類で、ハシバミもお気に入りです。高度1000mの山にも生えますが、石ころの多い石灰質の土壌に限られ、斜面であれば理想的。フランスでは、11〜3月末に収穫します。芳醇な香りを放つには、完全に成熟するまで待たなければなりません。かつては、豚を使って掘り出していましたが、他にもよい方法があります。成熟したトリュフにだけ卵を産む、スイルラ・ギガンテア*Suilla gigantea*というハエを目印にするのです。今日では、犬が大活躍。豚と違って、犬はトリュフが好きではないため、見つけた獲物をあきらめるよう策を講じなくてすみます。トリュフのレシピは多々ありますが、シンプルなオムレツに入れると、最もかぐわしい香りを放ちます。焼く前に、泡立てた卵にたっぷり1時間漬けておけば、何とも言えない芳醇な香りが卵に浸透します。

※セイヨウショウロは、日本では発生しないが、近縁種（イボセイヨウショウロなど）はいくつか知られている。

* 日本未報告種。

ホコリタケ

Lycoperdon perlatum
食用（若いきのこに限定）

　フランスの子どもたちは、この小さな丸い爆弾みたいなきのこを、踏み潰して遊ぶのが大好き。成熟したものだと茶色いほこりが舞い上がります。自然は偉大です。子どもたちは知らずに、胞子を拡散する役目を果たしているのですから。若い時は、直径3〜6cmの白いゴルフボールほどの大きさの頭が、柄と思しきものの上に載っています。頭部は、一面小さな突起で覆われていますが、きのこが成熟して古くなると、突起の一部が抜け落ちて痕が残ります。フランスでは、「宝石をつけたホコリタケ」の別名もあり、身につけている「宝石」の飾りが、仲間の「梨の形をしたホコリタケ」や「ヴェールを被ったホコリタケ」などと区別する手がかりになるのです。最初、肉は堅く締まって白色ですが、やがて黄色いペースト状になり、最後には茶色い粉末に変わります。すると、乳首のような頭部のてっぺんに、小さな穴があいて、胞子を放出するのです。春の終わりから秋の終わりに、森の中の腐植土に密集して生えています。たいしておいしくはありませんが、一応食用です。ただし、若いきのこに限られます。

※ホコリタケは、日本では夏〜秋に、路傍や種々の林内の地面に群生し、
　ごく普通に見られる。

シロフクロタケ

Volvariella speciosa
食用

フランスでは、「はなたれ小僧」という、何とも愛らしい名前で呼ばれています。湿気が多いと傘のぬめりが増します。この「ねばねばするフクロタケ」が食欲をそそることはありませんが、見た目がそうでなくても食用です。とはいえ、料理に使うのは賢明でありません。理由は3つ。まず料理をしても、おいしくないこと。2つ目は、衛生上の理由で、庭や堆肥、腐った麦わらなど、腐りつつある有機物を養分にして成長すること。そして硝酸塩の豊富な土壌を好むこと（組織内に蓄積します）。3つ目は致命的で、経験の浅い人は、環状のつばを失った猛毒のテングタケ類と簡単に混同してしまいます。

※シロフクロタケは、日本では秋に、畑地や庭などの枯れ草を蓄積したところや、栄養分に富んだ地面に発生するがまれ。

VOLVAIRE GLUANTE

きのこ名称一覧

和名	学名
ハラタケ	*Agaricus campestris*
アガリクス・クサントデルムス	*Agaricus xanthodermus*
コタマゴテングタケ	*Amanita citrina*
テングタケ	*Amanita pantherina*
タマゴテングタケ	*Amanita phalloides*
シロタマゴテングタケ	*Amanita verna*
ガンタケ	*Amanita rubescens*
ベニテングタケ	*Amanita muscaria*
ワタゲナラタケ	*Armillaria gallica*
ウラベニイロガワリ	*Boletus luridus*
ススケイグチ	*Boletus aereus*
ハナイグチ	*Suillus grevillei*
ニセイロガワリ	*Xerocomus badius*
ヌメリイグチ	*Suillus luteus*
ヤマドリタケ（ポルチーニ）	*Boletus edulis*
マッシュルーム	*Agaricus bisporus*
アンズタケ	*Cantharellus cibarius*
アカカゴタケ	*Clathrus ruber*
ハイイロシメジ	*Clitocybe nebularis*
アオイヌシメジ	*Clitocybe odora*
ヒカゲウラベニタケ	*Clitopilus prunulus*
メガコルビア・プラテイフィラ	*Megacollybia platyphylla*
コルリビア・フーシペス	*Collybia fusipes*
ササクレヒトヨタケ	*Coprinus comatus*
キララタケ	*Coprinus micaceus*

和名	学名
ムラサキフウセンタケ	*Cortinarius violaceus*
イッポンシメジ	*Entoloma sinuatum*
カンゾウタケ	*Fistulina hepatica*
ナガエノスギタケ	*Hebeloma radicosum*
ノボリリュウ	*Helvella crispa*
カノシタ	*Hydnum repandum*
シシタケ	*Sarcodon imbricatum*
シモフリヌメリガサ	*Hygrophorus hypothejus*
アカヤマタケ	*Hygrocybe conica*
ヒーグロキベー・コンラデイ	*Hygrocybe konradii*
オオサクラシメジ	*Hygrophorus erubescens*
サクラシメジ	*Hygrophorus russula*
ニガクリタケ	*Hypholoma fasciculare*
キツネタケ	*Laccaria laccata*
ムジナタケ	*Lacrymaria velutina*
チチタケ	*Lactarius volemus*
カラハツタケ	*Lactarius torminosus*
ラクターリウス・デーリキオースス	*Lactarius deliciosus*
ツチカブリ	*Lactarius piperatus*
ケショウシロハツ	*Lactarius controversus*
カイガラタケ	*Lenzites betulina*
カラカサタケ	*Macrolepiota procera*
ワタカラカサタケ	*Lepiota clypeolaria*
シロカラカサタケ	*Lepiota naucina*
シバフタケ	*Marasmius oreades*
アミガサタケ（モリーユ茸）	*Morchella esculenta*
トガリアミガサタケ	*Morchella conica*
ユキワリ	*Calocybe gambosa*

和名	学名
ナメアシタケ	*Mycena epipterygia*
センボンアシナガタケ	*Mycena inclinata*
セイヨウタマゴタケ	*Amanita caesarea*
ヒダハタケ	*Paxillus involutus*
ウラスジチャワンタケ	*Helvella acetabulum*
スッポンタケ	*Phallus impudicus*
エリンギ	*Pleurotus eryngii*
アミガサタケ（モリーユ茸）	*Morchella esculenta*
シロタモギタケ	*Hypsizygus ulmarius*
マイタケ	*Grifola frondosa*
カンバタケ	*Piptoporus betulinus*
カワリハツ	*Russula cyanoxantha*
ニシキタケ	*Russula aurata*
ドクベニタケ	*Russula emetica*
クサハツ	*Russula foetens*
ルッスーラ・グリセア	*Russula grisea*
ヤマブキハツ	*Russula ochroleuca*
ウスクレナイタケ	*Russula rubra*
アイタケ	*Russula virescens*
モエギタケ	*Stropharia aeruginosa*
サマツモドキ	*Tricholomopsis rutilans*
キシメジ	*Tricholoma flavovirens*
ニオイキシメジ	*Tricholoma sulfureum*
クロラッパタケ	*Craterellus cornucopioides*
セイヨウショウロ（トリュフ）	*Tuber melanosporum*
ホコリタケ	*Lycoperdon perlatum*
シロフクロタケ	*Volvariella speciosa*

参 考 文 献・引 用 文 献

書 籍

Les Champignons de France, « Guide vert », Solar, 2010.

Borgarino (Didier), Hurtado (Christian), *Le Guide
des champignons en 900 photos et fiches*, Édisud, 2005

Courtecuisse (Régis) et Duhem (Bernard), *Le Guide
des champignons de France et d'Europe : 1 752
espèces décrites et illustrées*, coll. « Les guides du
naturaliste », Delachaux et Niestlé, 2011.

Eyssartier (Guillaume) et Roux (Pierre), *Le Guide
des champignons. France et Europe*, Belin, 2011.

Fombeur (Jean-Pierre), *Les Meilleures Recettes de
champignons*, La Martinière, 2010.

Gliem (Maurice), Schneider (Christine), *Allez aux
champignons : reconnaître, cueillir, cuisiner*, Delachaux et
Niestlé, 2011.

Phillips (Roger), *Les Champignons*, Solar, 2004.

Redeuilh (Guy) et al., *Larousse des champignons*, Larousse,
2008.

Sabatier (Roland) et Becker (Georges), *Le Gratin
des champignons*, Glénat, 2004.

ブログ、Webサイト

www.mycodb.fr
www.pharmanatur.com/mycologie.htm
www.mycodb.fr/forum
www.champis.net
www.champyves.fr
http://domenicus.malleotus.free.fr/f/index.html
http://mycorance.free.fr
http://mycologia34.canalblog.com
www.atlas-des-champignons.com
http://ispb.univ-lyon1.fr/mycologie/champiweb/accueil.htm

LE PETIT LIVRE DES CHAMPIGNONS

© 2012, Editions du Chêne – Hachette Livre.
All rights reserved.

Textes : Myriam Blanc

Responsible éditoriale : Nathalie Baileux
avec la collaboration de Franck Friès
Suivi éditoriale : Fanny Marin
Directrice artistique : Sabine Houplain
Lecture-correction : Karine Elsener
Fablication : Marion Lance

Vantes directes et partenariats : Claire Le Cocguen
Relatioons presse : Hélène Maurice

Mise en page et photogravure : CGI

This Japanese edition was produced and published in
Japan in 2016
by Graphic-sha Publishing Co., Ltd.
1-14-17 Kudankita, Chiyodaku,
Tokyo 102-0073, Japan

Japanese translation © 2016 Graphic-sha Publishing Co., Ltd.

Japanese edition creative staff
Editorial supervisor: Eiji Nagasawa
Translation: Kei Ibuki
Text layout and cover design: Rumi Sugimoto
Editor: Masayo Tsurudome
Publishing coordinator: Takako Motoki
(Graphic-sha Publishing Co., Ltd.)

ISBN 978-4-7661-2898-7 C0076
Printed and bound in China

―――― シリーズ本も好評発売中！ ――――

定価：本体1,500円（税別）

ねこ　　　天使　　　とり

バラ　　　魔女　　　薬草

月　　　子ねこ　　　花言葉

マリー・アントワネット　おとぎ話　占星術

クリスマス

ちいさな手のひら事典 きのこ

2016年8月25日　初版第1刷発行
2024年2月25日　初版第8刷発行

著者　　ミリアム・ブラン（© Myriam Blanc）
発行者　西川 正伸
発行所　株式会社グラフィック社
　　　　102-0073 東京都千代田区九段北1-14-17
　　　　Phone: 03-3263-4318　Fax: 03-3263-5297
　　　　https://www.graphicsha.co.jp

日本語版制作スタッフ
監修：長澤栄史
翻訳：いぶき けい
組版・カバーデザイン：杉本瑠美
編集：鶴留聖代
制作・進行：本木貴子（グラフィック社）

◎ 乱丁・落丁はお取り替えいたします。
◎ 本書掲載の図版・文章の無断掲載・借用・複写を禁じます。
◎ 本書のコピー、スキャン、デジタル化等の無断複製は著作権法上の例外を除き禁じられています。
◎ 本書を代行業者等の第三者に依頼してスキャンやデジタル化することは、たとえ個人や家庭内であっても、著作権法上認められておりません。

ISBN978-4-7661-2898-7 C0076　　Printed and bound in China